SCOPOS

Collection dirigée par J.-M. Ghidaglia
Professeur à l'Ecole normale supérieure de Cachan
61, avenue du Président Wilson
94235 Cachan Cedex, France
http://www.cmla.ens-cachan.fr

Ce nouveau volume est en parfaite continuité avec l'ouvrage consacré aux épreuves de 1997 qui est paru dans la même collection. Il le complète en donnant la tonalité et l'esprit des épreuves de Mathématiques à ce Concours (X – ENS Cachan, option Physique et Sciences Industrielles). En rendant rapidement accessibles aux candidats et enseignants ces énoncés, nous souhaitons diffuser à tous les mêmes bases de préparation.

Un des points communs aux livres de la Collection est qu'en règle générale les auteurs sont des acteurs de la recherche actuelle (chercheurs, enseignants-chercheurs, ingénieurs-chercheurs). Ils s'efforcent (dans la mesure du possible et compte tenu des programmes) de sortir des classiques exercices "taupinaux" pour aller vers des questions qui ouvrent vers le second (voire le troisième) cycle des Universités.

Cet ouvrage sera bien évidemment utile aux candidats et enseignants des classes préparatoires (et pas seulement en filière PSI, mais aussi MP et PC). Il est aussi à recommander aux étudiants préparant les concours du C.A.P.E.S. et de l'Agrégation de Mathématiques tant pour les épreuves écrites que pour les épreuves orales.

Un site internet : **www.cmla.ens-cachan-fr./scopos.html** est désormais associé à cette Collection. Il permet de dialoguer avec les auteurs de la collection mais aussi plus généralement avec des chercheurs et enseignants-chercheurs un peu partout en France.

SCOPOS

SCOPOS

Springer
*Berlin
Heidelberg
New York
Barcelone
Hong Kong
Londres
Milan
Paris
Singapour
Tokyo*

J.-F. Clouet   B. Després
O. Lafitte

L'épreuve de Mathématiques en PSI

Volume 2

Concours d'entrée à l'Ecole polytechnique
et à l'Ecole normale supérieure de Cachan
1998

Springer

Jean-François Clouet
Bruno Després
Olivier Lafitte
Commissariat à l'Energie Atomique,
Mathématiques et Logiciels de Simulation
BP 12
F-91680 Bruyères-le-Châtel

En couverture: Bâti de pulvérisation
cathodique pour la réalisation de couches minces métalliques.

Mathematics Subject Classification (1991):
00A07, 26A06, 26B05, 26B10, 34A12, 40A05, 40A10

Die Deutsche Bibliothek - CIP-Einheitsaufnahme

L'épreuve de Mathématiques en PSI /
J.-F. Clouet ... - Berlin ; Heidelberg ; New York ; Barcelona ; Hongkong ;
London ; Mailand ; Paris ; Singapur ; Tokio : Springer .
Vol. 2. Concours d'entrée à l'Ecole polytechnique
et à l'Ecole normale supérieure de Cachan 1998.
- 1999 (SCOPOS)
ISBN 3-540-65675-8

ISBN 3-540-65675-8 Springer-Verlag Berlin Heidelberg New York

Maquette de couverture: *design & production* GmbH, Heidelberg
SPIN 10700385   41/3143 – 5 4 3 2 1 0 – Printed on acid-free paper

Avant-propos

Juin 1998 a vu se dérouler la deuxième édition du concours commun de l'École Polytechnique et de l'École normale supérieure de Cachan de la filière Physique et Sciences de l'Ingénieur. Comme l'année précédente nous proposons ce recueil *verbatim* des épreuves de Mathématiques. La qualité, appréciée à la hausse par le jury, de la prestation des candidats laisse à penser que le précédent recueil a constitué une aide utile pour la préparation de cette épreuve. Nous présentons dans cet ouvrage une collection d'exercices entièrement nouvelle. Une grande part de ceux-ci appartient à l'Analyse, qui, par expérience, est une des principales applications des mathématiques au métier d'ingénieur. Les sujets proposés font appel aux capacités de réflexion des candidats. Ils balaient les techniques de raisonnement mathématique "de base" utilisées en classe préparatoire. Il nous semble indispensable que les candidats aux concours maitrisent ces méthodes: raisonnement par l'absurde, par récurrence, géométrique (faire un dessin pour comprendre une situation). Comme ces techniques de raisonnement sont à la base de toute démarche scientifique, l'utilité de cette collection de vingt sept exercices s'étend bien au delà de la préparation d'un concours et doit être dans le bagage de tout étudiant d'une filière scientifique. Les exercices de cette nouvelle série complètent ceux proposés dans le précédent ouvrage de cette collection. Ils font appel de manière directe aux théorèmes du programme. De plus, ils permettent aux candidats de montrer leur aptitude à effectuer en temps limité des calculs fondamentaux et de réfléchir aux techniques mathématiques employées. Nous souhaitons réaffirmer qu'une qualité universelle et particulièrement appréciée par le jury de ce concours est la capacité à expliquer clairement des choses simples, préalable à une véritable compréhension des problèmes. Là est d'ailleurs l'intérêt des Mathématiques appliquées à la Physique et aux Sciences de l'Ingénieur.

Table des matières

CHAPITRE 1
Enoncé des exercices d'oraux

Exercice 1

a/Soit $l = \frac{1+\sqrt{5}}{2}$. Étudier la convergence de la suite

$$x_{n+1} = 1 + \frac{1}{x_n} \tag{1}$$

pour $|x_0 - l| < 1$.

Soit $f : \mathbb{R} \to \mathbb{R}$ une fonction de classe C^2. Soit $y \in \mathbb{R}$ une solution de $f(y) = 0$ avec $f'(y) = 0$. On suppose que $f''(x) > 0 \; \forall x \in \mathbb{R}$. Montrer que y est unique.

b/Sous les hypothèses du a/, montrer la convergence monotone de la suite

$$\begin{cases} x_0 \neq y \\ x_{n+1} = x_n - \dfrac{f(x_n)}{f'(x_n)}. \end{cases}$$

c/On considère à présent le cas où $f'(y) \neq 0$. Énoncer un critère simple assurant la convergence de la suite

$$x_{n+1} = x_n - \frac{f(x_n)}{f'(x_n)}$$

d/Application à la suite (1).

Exercice 2

a/Soit a et b deux nombres réels strictement positifs. Trouver la limite quand $n \to +\infty$ de

$$\frac{1}{n} \sum_{p=0}^{n-1} \log(\frac{a + pb}{n}).$$

b/Soit les n nombres positifs

$$a_p = a + pb, \; 0 \leq p \leq n - 1.$$

On désigne par A_n et B_n leur moyenne arithmétique et géométrique

$$A_n = \frac{1}{n} \sum_{i=0}^{n-1} a_i, \; \log B_n = \frac{1}{n} \sum_{i=0}^{n-1} \log a_i.$$

Montrer que

$$\lim_{n \to +\infty} \frac{B_n}{A_n} = \frac{2}{e}.$$

c/Démontrer que $2 \leq e$.

Exercice 3

a/Soit f une fonction intégrable définie de $[0, +\infty[$ dans $\mathbb{R}$. On suppose que f est deux fois continuement dérivable, admet la limite L en $t = 0$, et que pour tout $\varepsilon > 0$ l'intégrale

$$\int_{\varepsilon}^{+\infty} \frac{f(t)}{t} dt$$

existe.

Obtenir une majoration de $f(t) - f(tx)$ pour t proche de 0.
En déduire que l'intégrale $I(x)$

$$I(x) = \int_0^{+\infty} \frac{f(t) - f(tx)}{t} dt, \quad x > 0$$

est bien définie.
Montrer que I est une fonction dérivable.
b/Montrer que

$$I(x) = L \log x.$$

c/Nous proposons à présent une autre démonstration.
Montrer que

$$I(x) = \lim_{\varepsilon \to 0} \int_{\varepsilon}^{x\varepsilon} \frac{f(t)}{t} dt.$$

En déduire que $I(x) = L \log x$.
e/On considère le cas $f(t) = e^{-t}$. Déduire des points précédents que

$$\int_0^{+\infty} e^{-t} t^n dt = n!.$$

Exercice 4

a/Démontrer que l'intégrale

$$I(x) = \int_0^{\pi} \log(1 - 2x \cos \theta + x^2) d\theta$$

a un sens pour tout $x \in \mathbb{R}$.
Démontrer l'identité

$$\Pi_{p=1}^{p=n-1} \left(1 - 2x \cos(\frac{p\pi}{n}) + x^2\right) = \frac{x^{2n} - 1}{x^2 - 1}.$$

b/En déduire la valeur de $I(x)$ pour $|x| < 1$ et pour $|x| > 1$.
Indication: on pourra passer par les sommes de Riemann.
c/Nous allons redémontrer ce résultat par une deuxième méthode.
Montrer que $I(-x) = I(x)$ et que $I(\frac{1}{x}) = I(x) - \pi \log x^2$.

d/Montrer que

$$I(x) = \frac{1}{2}I(x^2) = \frac{1}{4}I(x^4) = ...$$

En déduire $I(x)$ $\forall x \in \mathbb{R}$.

Exercice 5

a/Soit A une application linéaire de $\mathbb{R}^n$ dans lui-même. On se donne un produit scalaire (x,y) sur $\mathbb{R}^n$ et sa norme associée $\|x\| = \sqrt{(x,x)}$. La norme d'un opérateur est la norme induite

$$\|A\| = \sup_{\|x\|=1} \|Ax\|.$$

On suppose que $\|A\| < 1$.
Montrer que $I - A$ est bijectif.
Montrer que pour $0 < \alpha \leq 1$ la suite

$$x_{n+1} = \alpha b + (\alpha A + (1-\alpha)I)x_n$$

converge vers x solution de $(I - A)x = b$.
Indication: on pourra étudier la norme $\|x_n - x\|$.
b/A présent on suppose que $\|A\| \leq 1$ et que $(I - A)$ est bijectif.
Soit V_h un sous espace vectoriel de $\mathbb{R}^n$. Soit $x_h \in V_h$ la solution (si elle existe) de

$$(x_h, y_h) - (Ax_h, y_h) = (b, y_h), \quad \forall y_h \in V_h. \tag{2}$$

Soit P_h le projecteur orthogonal sur V_h.
Montrer que (2) est équivalent à

$$(I - P_h A)x_h = P_h b.$$

En déduire que la solution de (2) existe et est unique.
c/Montrer que
$$\|(I - A)(x - x_h)\| \leq 2\|(I - P_h)x\|.$$

Indication: on pourra majorer $\|x - x_h\|$.
En déduire que

$$\|x - x_h\| \leq 2\|(I - A)^{-1}\|\|(I - P_h)\|\|x\|.$$

d/Soit $0 < \alpha_{min} \leq \alpha_n \leq 1$ une suite de nombres réels. Montrer que la suite

$$x_{n+1} = \alpha_n b + (\alpha_n A + (1-\alpha_n)I)x_n$$

converge vers x solution de $(I - A)x = b$.

Exercice 6

a/Soit f la fonction définie par la série

$$f(z) = z + z^2 + z^4 + z^8 + ..., \quad z \in \mathbb{C}.$$

Donner le rayon de convergence R de la série.

b/On considère la fonction $f(z)$ pour $|z| < 1$. On dit que le point z_0 $(|z_0| = 1)$ est un point singulier de f si il existe une suite $w_n \to z_0$ $(|w_n| < 1)$ telle que $|f(w_n)| \to +\infty$.

Montrer que 1 est un point singulier.

Montrer que si z_1 est un point singulier de f alors, pour $p \in \mathbb{N}$, le point z_2 tel que

$$z_2 = e^{\mathrm{i}\frac{2\pi}{2^p}} z_1$$

est encore un point singulier de f.

Indication : étudier

$$f(z) - f(e^{\mathrm{i}\frac{2\pi}{2^p}} z).$$

c/Montrer que pour tout point du cercle de convergence w et $\forall \varepsilon > 0$ alors il existe un point singulier z tel que

$$|z - w| \leq \varepsilon.$$

Indication : on pourra écrire tout nombre de module 1 sous la forme $e^{2\mathrm{i}\pi\theta}$ et on s'intéressera à une représentation en base 2 de θ.

Exercice 7

a/Soit g une fonction de $\mathbb{R}$ dans lui-même. On suppose que g est 1-périodique, c'est-à-dire que

$$g(x + 1) = g(x),$$

et aussi que g est de classe C^1.

Montrer que g' est uniformément bornée sur $\mathbb{R}$.

Montrer que la série suivante est convergente

$$f(x) = \sum_{p \geq 0} \frac{g(\frac{x}{4^p})}{4^p}$$

et qu'elle définit une fonction f de classe C^1.

b/A présent on considère g 1-périodique valant

$$g(x) = |x|$$

pour $|x| \leq 0.5$. Soit la fonction f (différente de la précédente)

$$f(x) = \sum_{p \geq 0} \frac{g(4^p x)}{4^p}.$$

Montrer que f est continue et 1-périodique.

c/Montrer que f n'est pas dérivable en 0.

Exercice 8

a/On considère la suite de polynômes définie par

$$P_1(x) = \frac{3 - x^2}{2} \text{ et } P_{n+1}(x) = \frac{3 - P_n(x)^2}{2}.$$

Calculer $P_2(x)$ et $P_3(x)$.

Montrer que la courbe $y = P_n(x)$ passe par quatre points indépendants de n.

b/Montrer que $P_n(x)$ a deux zéros réels et deux seulement. Indication : on pourra considérer la récurrence suivante:

H_n est vraie si

a) $P_n(x)$ a deux zéros uniques x_n^+ et x_n^-.

b) Pour $x_n^- \leq x \leq x_n^+$ alors $0 \leq P_n(x) \leq \frac{3}{2}$.

c) Pour $x_n^- \geq x$ alors $P_n'(x) \geq 0$, et pour $x \geq x_n^+$ alors $P_n'(x) \leq 0$.

Exercice 9

a/On considère l'équation différentielle pour $x < 0$

$$\frac{dy}{dx} + y = \frac{1}{x}.$$

Trouver les solutions de l'équation. Montrer pour toute solution y que

$$\lim_{x \to 0^-} |x| y(x) = 0.$$

Montrer qu'il existe une solution particulière, notée y_0, telle que

$$\lim y_0(x) = 0 \text{ quand } x \to -\infty.$$

b/Soit

$$R_n(x) = y_0(x) - \frac{1}{x} - \frac{1!}{x^2} - \frac{2!}{x^3} - \cdots \frac{n!}{x^{n+1}}.$$

Montrer que

$$R_n(x) = (n+1)! e^{-x} \int_{-\infty}^{x} t^{-n-2} e^t dt.$$

La suite

$$u_n(x) = \frac{1}{x} + \frac{1!}{x^2} + \frac{2!}{x^3} + \cdots \frac{n!}{x^{n+1}}$$

converge-t-elle quand $n \to +\infty$?

c/Montrer que, pour tout $x < 0$, $|R_n(x)| \leq |u_n(x)|$.

En déduire une approximation de $y_0(5)$.

Exercice 10

a/On considère l'équation différentielle suivante

$$\frac{d^2 y}{dx^2} + (a - 2\theta \cos 2x)y = 0$$

où a et θ sont deux nombres réels non nuls.

Quelle est la dimension de l'espace des solutions V?

Montrer qu'il existe deux solutions y_0 et y_1 telles que : y_0 est paire, y_1 est impaire, et toute solution y est une combinaison linéaire de y_0 et y_1

$$y = \alpha y_0 + \beta y_1, \quad \alpha \in \mathbb{R}, \ \beta \in \mathbb{R}.$$

b/Supposons l'existence de deux solutions π-périodiques indépendantes. Montrer que la solution paire peut se mettre sous la forme

$$y_0(x) = \sum_{r=0}^{+\infty} c_r \cos(2rx)$$

où la suite de coefficients c_r vérifie la relation de récurrence

$$(4r^2 - a)c_r + \theta(c_{r+1} + c_{r-1}) = 0, \quad r \geq 2$$

et

$$-ac_0 + \theta c_1 = 0, \quad (4 - a)c_1 + 2\theta c_0 + \theta c_2 = 0.$$

De même pour la solution impaire montrer qu'il existe des coefficients c_r' réels tels que

$$y_1(x) = \sum_{r=1}^{+\infty} c_r' \sin(2rx)$$

avec

$$(a - 4)c_1' - \theta c_2' = 0, \quad (4r^2 - a)c_r' + \theta(c_{r+1}' + c_{r-1}') = 0.$$

c/Montrer que

$$\begin{vmatrix} c_r & c_{r+1} \\ c_r' & c_{r+1}' \end{vmatrix} = \frac{\theta}{a} c_1' c_1.$$

En déduire que l'existence simultanée de deux solutions périodiques indépendantes est impossible.

Exercice 11

a/Résoudre le système différentiel :

$$\begin{cases} \dfrac{dx(t)}{dt} = y(t), & x(0) = 1 \\[2mm] \dfrac{dy(t)}{dt} = \dfrac{1 - y(t)^2}{x(t)}, & y(0) = y_0 \in\,]-1, 0]. \end{cases}$$

On pourra, par exemple, chercher une équation différentielle satisfaite par $z(t) = x(t)y(t)$.

b/Tracer les trajectoires solutions dans le plan (Oxy) (on se limitera aux valeurs de t telles que $0 < x(t) \le 1$).

c/Soit $\phi(x,y)$ une fonction de classe C^1 sur $]0,1]\times]-1,1[$ et vérifiant :

$$y\frac{\partial \phi}{\partial x}(x,y) + \frac{1-y^2}{x}\frac{\partial \phi}{\partial y}(x,y) = 0$$

pour tout couple $(x,y) \in]0,1]\times]-1,1[$.

Montrer que $\phi(x,y)$ reste constante le long des trajectoires du b/.

d/Soit $\psi(x,y)$ satisfaisant :

$$\psi(x,y) + y\frac{\partial \psi}{\partial x}(x,y) + \frac{1-y^2}{x}\frac{\partial \psi}{\partial y}(x,y) = 0$$
$$\psi(1,y) = 1 \quad \text{pour} \; -1 < y \le 0.$$

On supposera qu'il existe une unique fonction ψ de classe C^1 sur $]0,1]\times]-1,1[$ satisfaisant ces conditions.

Donner l'expression de $\psi(x,y)$ pour $(x,y) \in]0,1]\times]-1,1[$.

Exercice 12

On se place dans le plan orienté $\mathbb{R}^2$.

Pour $\theta \in [0,\pi[$, on note $\mathcal{D}(\theta)$ la droite passant par l'origine et faisant un angle θ avec l'axe (Ox). On note M un point de coordonnées (x,y).

a/On considère l'application

$$\rho_M : \begin{array}{ccc} [0,\pi[& \longrightarrow & \mathbb{R} \\ \theta & & d(M,\mathcal{D}(\theta)) \end{array}$$

où $d(M,\mathcal{D}(\theta))$ désigne la distance du point M à la droite $\mathcal{D}(\theta)$.

Exprimer $\rho_M(\theta)$ en fonction de θ, x et y.

b/Connaissant la valeur de $\rho_M(\theta)$ pour tout θ, peut-on déterminer la position de M?

c/Trouver M tel que $\rho_M(\theta) = \sqrt{2}|\sin(\theta - \frac{\pi}{4})|$.

d/Soit T une isométrie de $\mathbb{R}^2$ laissant invariante l'origine de l'espace. Déterminer une fonction $f_T(\theta)$ telle que, pour tout point M, on ait :

$$\rho_{T(M)}(\theta) = \rho_M(f_T(\theta)).$$

Exercice 13

On note, pour $x \in \mathbb{R}$:

$$I(x) = \frac{1}{2}\int_{-1}^{1}\frac{d\mu}{1+i\mu x}$$

avec $i^2 = -1$.

a/Montrer que l'application $x \to I(x)$ est de classe C^1 sur $\mathbb{R}$ et trouver une
équation différentielle satisfaite par I.

b/En déduire une expression analytique de $I(x)$.

c/Pour $\mathbf{k} \in \mathbb{R}^3$ on note

$$J(\mathbf{k}) = \frac{1}{4\pi} \int_S \frac{d\mu d\theta}{1 + i\mathbf{k}.\Omega}$$

où $S = \{(\mu, \theta) \in [-1; 1] \times [0; 2\pi]\}$ et

$$\Omega = \begin{pmatrix} \mu \\ \sqrt{1 - \mu^2}\cos(\theta) \\ \sqrt{1 - \mu^2}\sin(\theta) \end{pmatrix}.$$

En utilisant a/ et b/, calculer $J(\mathbf{k})$.

Exercice 14

Soit f une fonction continue sur $\mathbb{R}$ à valeurs positives. On note :

$$D_T(f) = \frac{1}{T} \int_0^T f(t)dt.$$

a/On suppose que f est périodique. Montrer que $D_T(f)$ converge, lorsque T
tend vers $+\infty$, vers un réel $D_\infty(f)$ que l'on déterminera.

b/On suppose maintenant que f admet une limite l en $+\infty$. Montrer que
$D_T(f)$ converge également vers l quand T tend vers $+\infty$.

c/Soit f à valeurs positives telle que $\lim_{T \to \infty} D_T(f) = D_\infty(f)$. Calculer

$$\lim_{\epsilon \to 0} \int_0^\infty e^{-t} f\left(\frac{t}{\epsilon}\right) dt$$

(on commencera par montrer que cette intégrale est bien définie pour tout
ϵ non-nul).

Exercice 15

On considère l'équation différentielle

$$(\star) \begin{cases} \dfrac{1}{r^2}\dfrac{d}{dr}\left(r^2\dfrac{d}{dr}u(r)\right) - u = 0 \\ u(r_0) = 1 \end{cases}$$

où $r_0 > 0$ est donné.

a/Montrer qu'il existe une solution, notée $v(r)$, de $(\star)$ de classe C^∞ sur $\mathbb{R}$ (on
pourra, par exemple, chercher une série entière solution).

b/Soit u de classe C^2 sur $[-r_0, r_0]$ vérifiant $(\star)$. Montrer que $u'(0) = 0$.

c/Calculer toutes les solutions de $(\star)$ de classe C^2 sur $[-r_0, r_0]$ (on pourra utiliser le changement de fonction inconnue $u(r) = v(r)w(r)$). Pourquoi ce résultat ne contredit-il pas le théorème de Cauchy-Lipschitz (existence et unicité des solutions au problème de Cauchy)?

d/Pour $(x, y, z) \in \mathbb{R}^3$, montrer que $\Psi(x, y, z) = u(\sqrt{x^2 + y^2 + z^2})$ vérifie

$$\frac{\partial^2}{\partial x^2}\Psi + \frac{\partial^2}{\partial y^2}\Psi + \frac{\partial^2}{\partial z^2}\Psi - \Psi = 0.$$

Traduire géométriquement les conditions aux limites.

Exercice 16

On considère la matrice de $\mathcal{M}_n(\mathbb{R})$

$$M_n = \begin{bmatrix} 2 & -1 & 0 & \cdots & \cdots & 0 & -1 \\ -1 & \ddots & \ddots & \ddots & & & 0 \\ 0 & \ddots & \ddots & \ddots & \ddots & & \vdots \\ \vdots & \ddots & \ddots & \ddots & \ddots & \ddots & \vdots \\ \vdots & & \ddots & \ddots & \ddots & \ddots & 0 \\ 0 & & & \ddots & \ddots & \ddots & -1 \\ -1 & 0 & \cdots & \cdots & 0 & -1 & 2 \end{bmatrix}$$

Soit f de classe C^3 sur $\mathbb{R}$ et périodique de période 1, on note X_f^n et $X_{f''}^n$ les vecteurs de $\mathbb{R}^n$ de coordonnées $\left(f\left(\frac{i}{n}\right)\right)_{i \in [1,n]}$ et $\left(f''\left(\frac{i}{n}\right)\right)_{i \in [1,n]}$. $\|X\|$ désigne la norme du vecteur X, définie par $\|X\| = \sup_{i \in [1,n]} |X_i|$.

a/Montrer que M_n est de déterminant nul (on donnera un vecteur du noyau de M_n).

b/Montrer que M_n est symétrique positive.

c/Montrer qu'il existe une constante C strictement positive telle que

$$\|n^2 M_n X_f^n + X_{f''}^n\| \leq \frac{C}{n}.$$

d/Que peut-on dire de f si

$$\lim_{n \to \infty} \|n^2 M_n X_f^n + X_f^n\| = 0 \;?$$

Exercice 17

Soit f une fonction continue sur $\mathbb{R}$. On note

$$u_n = e^{-n} \int_0^n e^x f(x)dx.$$

a/Calculer u_n pour $f(x) = 1$ et pour $f(x) = \cos(x)$ (dans chaque cas on précisera, si elle existe, la limite de la suite u_n).

b/Montrer que si $\lim\limits_{x \to \infty} f(x) = l$ alors $\lim\limits_{n \to \infty} u_n = l$.

c/On suppose que $f(x) \sim x^\alpha$ pour x tendant vers l'infini ($\alpha > 0$ est un réel fixé). Trouver un équivalent de la suite u_n pour n tendant vers l'infini.

Exercice 18

Soit $s \to a(s)$ une fonction strictement positive et $\bar{a}$ un réel positif. On définit $X(t) = \displaystyle\int_0^1 x(t,s)ds$ où, pour tout $s \in [0,1]$:

$$\begin{cases} \dfrac{d}{dt}x(t,s) + a(s)x(t,s) = 0 \\ x(0,s) = 1. \end{cases}$$

On définit $Y(t)$ par

$$\begin{cases} \dfrac{d}{dt}Y(t) + \bar{a}Y(t) = 0 \\ Y(0) = 1. \end{cases}$$

a/Déterminer $\bar{a}$ pour que $\displaystyle\int_0^\infty [X(t) - Y(t)]dt = 0$.

b/Soit $t_0 > 0$. Montrer qu'il existe un réel $\bar{a}$ tel que $\displaystyle\int_0^{t_0} [X(t) - Y(t)]dt = 0$.

c/Montrer que la fonction $t_0 \to \bar{a}(t_0)$ définie au b/ admet un développement limité à l'ordre 1 au voisinage de 0 et le déterminer.

Exercice 19

On considère l'équation :

$$\frac{\partial^2}{\partial x^2}u(x,t) = \frac{1}{c^2}\frac{\partial^2}{\partial t^2}u(x,t) + S(x)e^{i\omega t}$$

où la fonction $x \to S(x)$ est une fonction 2π-périodique.

Le réel ω non-nul étant fixé, on cherche des solutions harmoniques de la forme :

$$u(x,t) = v(x)e^{i\omega t},$$

v étant une fonction à valeurs réelles.

a/Montrer que $v(x)$ s'écrit :

$$v(x) = \int_0^x S(y)\frac{\sin(a(x-y))}{a}dy + \alpha\cos(ax) + \beta\sin(ax),$$

pour un certain couple $(\alpha, \beta) \in \mathbb{R}^2$ et $a^2 = \frac{\omega^2}{c^2}$.

b/Montrer que v est 2π-périodique si et seulement si

$$\begin{cases} v(-\pi) = v(\pi) \\ v'(-\pi) = v'(\pi). \end{cases}$$

On pourra considérer la fonction w telle que $w(x) = v(x + 2\pi) - v(x)$.

c/Donner une condition suffisante pour qu'il existe une solution 2π-périodique.

d/On suppose maintenant que S est impaire. On s'intéresse à la solution périodique obtenue au c/. Exprimer son développement en série de Fourier en fonction de celui de S.

e/En utilisant la fonction $S(x) = x$ et la formule de Parseval, calculer $\displaystyle\sum_{n=1}^{\infty} \frac{1}{n^6}$.

Exercice 20

Pour f une fonction non constante de classe C^2 sur $[0,1]$, on pose pour tout n entier non nul

$$u_n = \int_0^1 f(x)dx - \frac{1}{n}\sum_{i=1}^n f\left(\frac{i}{n}\right).$$

a/Calculer u_n lorsque $f(x) = x$.

b/Trouver une condition nécessaire et suffisante sur f pour que la série de terme général u_n converge.

Exercice 21

On introduit la fonction:

$$f(x) = \int_{\mathbf{R}} e^{ixp - p^4} dp.$$

a/ Justifier l'existence, la continuité, la parité, la dérivabilité à tout ordre de f. Calculer les limites de f et de ses dérivées lorsque x tend vers $\pm\infty$. Donner les signes de $f(0)$, $f''(0)$. Que vaut $f'(0)$?

b/ Calculer $\frac{d}{dp}(e^{ixp - p^4})$. En déduire une équation différentielle vérifiée par f.

c/ Montrer, par l'absurde, que f n'est pas positive sur $\mathbf{R}$.

Exercice 22

a/ Donner une condition nécessaire et suffisante sur ϕ, fonction de classe C^2 sur $\mathbf{R}$, pour que la série

$$\sum_{n \in \mathbf{Z}} \int_0^1 \phi(x) e^{2\pi inx} dx$$

converge.

b/ Construire une fonction ψ, nulle sur $]-\infty, 0]$ et sur $[1, +\infty[$, de classe C^2 sur $\mathbf{R}$. Donner une condition suffisante sur les a_n pour que

$$\sum_{n \in \mathbf{Z}} a_n \int_0^1 \psi(x) e^{2\pi i n x} dx$$

converge. Montrer que ce n'est pas une condition nécessaire.

Exercice 23

On se donne une suite à double indice a_{nj}, $n \in \mathbb{N}$, $j \in \mathbb{N}$, telle que $a_{nj} \geq 0$ pour tout couple $(n, j) \in \mathbb{N}^2$ et $\sum_j a_{nj} = 1$ pour tout n.

A toute suite bornée u_n de nombres réels ou complexes, on associe, si elle existe, la somme v_n de la série $\sum_j a_{nj} u_j$.

a/ Pourquoi existe-t-elle? On suppose que pour chaque j dans $\mathbb{N}$, la suite a_{nj} converge vers 0 lorsque n tend vers $+\infty$. Montrer que si la suite u_n converge vers l, alors v_n converge vers la même limite.

b/ Montrer que si u_n et v_n admettent la même limite quelle que soit la suite u_n convergente, alors a_{nj} tend vers 0 lorsque n tend vers $+\infty$.

c/ On suppose u_n convergente. Déterminer un équivalent lorsque $p \to +\infty$ de

$$\sum_{n \geq 1} \frac{u_n}{p^n}, \quad \sum_{n \geq 2} \frac{u_n}{n^p}.$$

Exercice 24

Soit S_n, $n \geq 0$, une suite convergente dont la limite est notée S. On introduit, si elle existe, la fonction f telle que $f(x)$ est la somme de la série de terme général $S_n \frac{x^n}{n!}$.

a/ Montrer que f existe pour tout $x \in \mathbb{R}$. Montrer que la limite de $f(x)e^{-x}$, lorsque x tend vers $+\infty$, est S (on pourra se ramener à $S = 0$).

b/ Soit $(a_n)_{n \in \mathbb{N}}$ le terme général d'une série convergente. On définit $g(x) = \sum_{n \geq 0} a_n \frac{x^n}{n!}$ pour x réel.

Démontrer que $\int_0^\infty e^{-x} g(x) dx = \sum_{n \geq 0} a_n$. (On calculera $\int_0^t e^{-x} g(x) dx$ en fonction des sommes partielles S_n de la série $\sum a_n$ et de la variable t, puis on appliquera le a/.)

Exercice 25

Soit $\mathcal{P}_n$ l'ensemble des polynômes sur $\mathbb{C}$ de degré inférieur ou égal à n. On définit, pour $P \in \mathcal{P}_n$, la fonction

$$u(P)(x) = \frac{P(x) + x P'(x)}{n + 1}.$$

a/ Montrer que $p \to u(P)$ est un isomorphisme de $\mathcal{P}_n$, dont on donnera les valeurs propres et vecteurs propres. Généraliser à

$$u_a(P) = \frac{P(x) + (x - a) P'(x)}{n + 1}.$$

b/ On définit la suite de polynômes P_j par P_0 donné dans $\mathcal{P}_n$ et

$$xP_j'(x) - nP_{j+1}(x) = P_{j+1}(x) - P_j(x).$$

Déterminer la limite, dans l'espace vectoriel $\mathcal{P}_n$, de la suite P_j, $j \geq 0$.

c/ Que peut on dire, pour $k < n$, de la suite Q_j de polynômes définie par

$$kQ_{j+1}(x) - xQ_j'(x) = Q_j(x) - Q_{j+1}(x)$$

avec $Q_0(x) = P_0(x)$?

Exercice 26

Soit $\mathcal{P}_n$ l'ensemble des polynômes sur $\mathbb{C}$ de degré inférieur ou égal à n, et, pour $p \in \mathcal{P}_n$,

$$u(p)(x) = p(x + 1) + p(x - 1) - 2p(x).$$

a/ Montrer que u est un endomorphisme de $\mathcal{P}_n$, dont on étudiera l'image et le noyau. On déterminera deux éléments linéairement indépendants du noyau.

b/ Démontrer que u est nilpotent sur $\mathcal{P}_n$, c'est-à-dire qu'il existe N tel que $u^N = 0$. Déterminer un endomorphisme v tel que $v \circ v = u$ (indication : on cherchera $v(p)(x) = p(x + \alpha) - p(x + \beta)$, où α et β sont des nombres à déterminer). Est ce que v est unique?

c/ Déterminer une relation liant, pour tout polynôme de $\mathcal{P}_n$, les valeurs de $P(x \pm k)$ pour $0 \leq k \leq \frac{n+1}{2}$ lorsque n est impair. Donner la relation identique lorsque n est pair.

Exercice 27

a/ Soit f une fonction monotone sur $]0, 1]$ telle que $\int_0^1 x^a f(x)dx$ existe. En étudiant $\int_t^{2t} x^a f(x)dx$, déterminer la limite de $x^{a+1}f(x)$ lorsque $x \to 0$.

b/ Que peut-on dire de la limite de $x^b f$ en $+\infty$ lorsque

$$\int_1^{+\infty} x^a f(x)dx \text{ converge?}$$

c/ On se donne une fonction ϕ, strictement positive sur $]0, 1]$ continue sur $[0, 1]$ et dérivable sur $]0, 1]$, de dérivée continue. On suppose

$$\frac{\ln \phi(y)}{\ln y} = \alpha + g(y),$$

où y tend vers 0 lorsque y tend vers 0.

On considère ici une fonction f qui vérifie $\int_0^1 f(x)dx$ existe.

Indiquer des conditions suffisantes sur g de sorte qu'il existe a, que l'on déterminera, pour que $y^a(f \circ \phi)(y)$ tende vers 0 lorsque y tend vers 0.

Exercice 28

a/ On rappelle que la fonction ϕ définie par

$$\phi(x) = \begin{cases} e^{-\frac{1}{1-x^2}}, & -1 < x < 1 \\ 0, & |x| \geq 1 \end{cases}$$

est indéfiniment dérivable sur $\mathbb{R}$. On rappelle aussi l'égalité $\int_{\mathbb{R}} e^{-x^2} dx = \pi^{\frac{1}{2}}$.
Démontrer que

$$\varepsilon^{-1} \int_{-1}^{1} e^{-\frac{x^2}{\varepsilon^2} - \frac{1}{1-x^2}} dx$$

a pour limite $e^{-1}\pi^{\frac{1}{2}}$ lorsque $\varepsilon \to 0$.

b/ Démontrer qu'il existe un polynôme P_n, pour lequel on donnera une relation de récurrence, tel que

$$\varepsilon^{-n-1} \int_{-1}^{1} P_n(\frac{x}{\varepsilon}) e^{-\frac{x^2}{\varepsilon^2} - \frac{1}{1-x^2}} dx$$

tende vers $\pi^{\frac{1}{2}}\phi^{(n)}(0)$.

On pourra utiliser une intégration par parties sur $\int_{\mathbb{R}} e^{-\frac{x^2}{\varepsilon^2}} \phi^{(n)}(x) dx$.

CHAPITRE 2
Corrigé des exercices d'oraux

Corrigé 1

a/ l est une solution de $l = 1 + \frac{1}{l}$, ainsi

$$x_{n+1} - l = \frac{1}{x_n} - \frac{1}{l} = \frac{l - x_n}{l x_n}.$$

D'autre part si $|x_n - l| \leq 1 - \epsilon$ alors

$$l x_n = l(l + (x_n - l)) \geq l(l - 1 + \epsilon) = 1 + l\epsilon$$

d'où

$$|x_{n+1} - l| \leq \frac{|x_n - l|}{1 + l\epsilon}$$

ce qui implique, d'une part que la suite est bien définie car x_n n'est jamais nul, d'autre part la convergence de la suite.

b/ On suppose que $f''(x) > 0$ pour tout $x \in \mathbb{R}$. Si $y_1 < y_2$ satisfont tous deux les hypothèses, alors la formule des accroissements finis

$$f(y_2) - f(y_1) = (y_2 - y_1)f'(y_1) + \frac{1}{2}(y_2 - y_1)^2 f''(t), \quad y_1 \leq t \leq y_2$$

donne $f''(t) = 0$ ce qui est impossible. D'où l'unicité de y.

On a

$$f(x_n) = f(y) + (x_n - y)f'(y) + \int_y^{x_n} (x_n - t)f''(t)dt$$

$$= \int_y^{x_n} (x_n - t)f''(t)dt$$

et

$$f'(x_n) = f'(y) + \int_y^{x_n} f''(t)dt = \int_y^{x_n} f''(t)dt$$

donc

$$x_{n+1} - y = \frac{\int_y^{x_n} (t - y)f''(t)dt}{\int_y^{x_n} f''(t)dt}.$$

Comme $|t - y| \leq |x_n - y|$, ce dernier terme est plus petit en module que $x_n - y$ et du même signe. On en déduit la convergence monotone de la suite x_n qui est croissante (resp. décroissante) et majorée (resp. minorée). A partir de $(x_{n+1} - x_n)f'(x_n) = -f(x_n)$ on voit que la limite l satisfait $f(l) = 0$, donc $l = y$.

c/ Si $f'(y) \neq 0$ on utilise un argument plus brutal. On a

$$x_{n+1} - y = \frac{\int_y^{x_n} (t-y)f''(t)dt}{f'(y) + \int_y^{x_n} f''(t)dt}.$$

Si $|x_n - y|$ est assez petit, on voit que le numérateur est en $|x_n - y|^2$, et que le dénominateur est proche d'une constante non nulle $f'(y)$. Donc $|x_{n+1} - y| \leq C|x_n - y|^2$ ce qui implique la convergence. Soyons plus rigoureux. Soit

$$C_1 = \max_{y-1 \leq x \leq y+1} |f''(x)|.$$

Donc $\exists C_2 \geq 0$ telle que

$$|\int_y^x (t-y)f''(t)dt| \leq C_2|y-x|^2, \quad \forall x \in [y-1, y+1].$$

D'autre part $\exists C_3 > 0$ telle que

$$|\int_y^x f''(t)dt| \leq C_3|y-x|, \quad \forall x \in [y-1, y+1].$$

Donc pour tout $x \in [y-1, y+1]$

$$|f'(y) + \int_y^x f''(t)dt| \geq |f'(y)| - C_3|y-x|.$$

Soit I l'intervalle centré autour de y tel que

$$I = \{x \in \mathbb{R}, |f'(y)| \geq 2C_3|y-x|\}.$$

Pour $x \in [y-1, y+1] \cap I$ on a

$$|\frac{\int_y^x (t-y)f''(t)dt}{f'(y) + \int_y^x f''(t)dt}| \leq \frac{2C_2}{|f'(y)|}|y-x|^2.$$

Soit à présent J l'intervalle centré autour de y tel que

$$J = \{x \in \mathbb{R}, .5 \geq \frac{2C_2}{|f'(y)|}|y-x|\}.$$

Pour $x \in [y-1, y+1] \cap I \cap J$ on a

$$|\frac{\int_y^x (t-y)f''(t)dt}{f'(y) + \int_y^x f''(t)dt}| \leq .5|y-x|.$$

A partir de cette estimation il est aisé de montrer que si $x_0 \in [y-1, y+1] \cap I \cap J$ alors $x_n \in [y-1, y+1] \cap I \cap J$ pour tout n, et que de plus

$$|y - x_n| \leq (.5)^n|y - x_0|$$

ce qui prouve la convergence.

d/On identifie f. Ici

$$-\frac{f(x)}{f'(x)} = -x + 1 + \frac{1}{x} = \frac{-x^2 + x + 1}{x}$$

$$\frac{f'x)}{f(x)} = \frac{x}{-x^2 + x + 1},$$

où f s'annule en $l^\pm = \frac{1 \pm \sqrt{5}}{2}$, et $f'(l^\pm) \neq 0$. On applique le point précédent.

Corrigé 2

a/On peut utiliser les sommes de Riemann, mais attention à l'origine qu'il faut traiter soigneusement. C'est plus simple grâce au théorème de convergence dominée.

Pour simplifier, nous considérons le cas où $0 < a \leq b \leq 1$. La fonction en escalier g_n définie par

$$g_n(x) = \log(\frac{a + pb}{n}) \text{ pour } \frac{p}{n} \leq x < \frac{p+1}{n}$$

est alors toujours négative pour toute les valeurs de $x \in (0,1)$. Elle vérifie

$$|g_n(x)| \leq |\log(x)|, \quad g_n(x) \to \log(x) \text{ quand } n \to +\infty.$$

La fonction log est intégrable. Donc

$$\frac{1}{n} \sum_{p=0}^{n-1} \log(\frac{a + pb}{n}) \to \int_0^1 \log(bt)dt = \log b - 1.$$

Les cas où l'on n'a pas $0 < a \leq b \leq 1$ se traitent de la même façon.

b/Comme

$$A_n = a + \frac{b}{n} \sum_0^{n-1} i = a + \frac{n-1}{2}b,$$

$$\frac{A_n}{n} \to \frac{b}{2}.$$

$$\log B_n = \log n + (\frac{1}{n} \sum a_i),$$

$$\log \frac{B_n}{n} \to \log b - 1 \text{ et } \frac{B_n}{n} \to \frac{b}{e}$$

d'où le résultat.

c/Classique: on utilise la concavité du log.

$$\log \alpha x + (1 - \alpha)y \geq \alpha \log x + (1 - \alpha) \log y.$$

D'où (petite récurrence si nécessaire) $\log A_n \geq \log B_n$. Cela implique après passage à la limite $2 \leq e$.

Corrigé 3

a/De la formule des accroissements finis

$$f(t) = L + f'(0)t + .5t^2 f''(c), \quad 0 \le c \le t$$

on tire

$$f(t) - f(tx) = f'(0)(1 - x)t + .5t^2(f''(c) - x^2 f''(d)).$$

On considère $t \le 1$ pour simplifier. Alors

$$|f(t) - f(tx)| \le Ct, \quad C = |f'(0)(1 - x)| + |1 + x^2| \max_{0 \le c \le x} |f''(c)|.$$

On montre plus précisément que

$$g(t) = \frac{f(t) - f(tx)}{t}$$

est continu sur $[0, +\infty[$ avec $f'(0)(1 - x)$ comme limite en 0. D'où $\int_0^1 g(t)dt$ existe. Or par hypothèse $\int_1^{+\infty} f(t)t^{-1}dt$ existe et

$$\int_1^{+\infty} f(tx)t^{-1}dt = \int_x^{+\infty} f(t)t^{-1}dt$$

existe. Donc $I(x)$ existe.

La fonction g est dérivable en 0, de dérivée $.5(1 - x^2)f''(0)$. Cela vient de ce que g est dérivable (C^1). Donc $I(x)$ est la somme de trois termes dérivables : $\int_0^1 g(t)dt$, $\int_1^{+\infty} f(t)t^{-1}dt$ et $\int_1^{+\infty} f(tx)t^{-1}dt = \int_x^{+\infty} f(t)t^{-1}dt$. $I(x)$ est dérivable.

La dérivée est la somme des dérivées des trois termes

$$I'(x) = -\int_0^1 f'(tx)dt + f(x)x^{-1} = f(0)x^{-1}$$

et $I(x) = f(0)\log x$ car $I(1) = 0$.

b/On a

$$I(x) = \int_0^\epsilon (f(t) - f(tx))t^{-1}dt + \int_\epsilon^\infty f(t)t^{-1}dt + \int_\epsilon^\infty f(tx)t^{-1}dt.$$

Le premier terme tend vers 0 quand $\epsilon \to 0$. Le troisième vaut $\int_{x\epsilon}^\infty f(t)t^{-1}dt$. On en déduit que

$$|I(x) - \int_\epsilon^\infty f(t)t^{-1}dt + \int_{x\epsilon}^\infty f(t)t^{-1}dt| \to 0,$$

$$I(x) = \lim_{\epsilon \to 0} \int_{\epsilon}^{x\epsilon} f(t)t^{-1}dt.$$

On termine en remarquant que

$$\int_{\epsilon}^{x\epsilon} f(t)t^{-1}dt = \int_{\epsilon}^{x\epsilon} (f(t) - f(0))t^{-1}dt + f(0)\log x$$

le premier terme à droite de l'égalité tendant vers 0.

c/On fait un développement limité de $I(x)$ autour de $x = 1$. Alors

$$I(x) = \int_{0}^{+\infty} e^{-t} \frac{1 - e^{-t(x-1)}}{t} dt$$

avec

$$1 - e^{-t(x-1)} = \sum_{i=1}^{N} \frac{(-t)^i(x-1)^i}{i!} + R_n(x-1)^{N+1}(-t)^{N+1}e^{t|x-1|}$$

où R_n est majorée par une constante (on peut utiliser une formule de développement avec reste intégral pour le montrer). D'où

$$I(x) = \sum_{1}^{N}(x-1)^i \int_{0}^{+\infty} \frac{e^{-t}t^{i-1}}{i!} dt + (x-1)^{N+1}D_N(x)$$

où D_N est majorée par une constante. Grâce au point précédent on sait que

$$I(x) = \log x = \log(1 + (x-1)) = \sum_{1}^{N} \frac{(x-1)^i}{i} + O(x-1)^N.$$

Par comparaison

$$\int_{0}^{+\infty} \frac{e^{-t}t^{i-1}}{i!} dt = \frac{1}{i}.$$

Corrigé 4

a/Le problème vient de ce que l'argument dans le logarithme peut s'annuler. Pour tout $\theta \in]0, \pi[$ les racines de $x^2 - 2x\cos\theta + 1 = 0$ sont $e^{\pm i\theta}$ qui ne sont pas réelles. Dans ce cas $x^2 - 2x\cos\theta + 1 > 0$ pour tout x réel. Si $\theta = 0, \pi$ les racines sont ± 1.

Donc si $|x| < 1$ ou $|x| > 1$, alors $\forall \theta \in [0, \pi]$ on a $x^2 - 2x\cos\theta + 1 > 0$ et $I(x)$ est bien défini.

Sinon, $x = 1$ par exemple. Alors

$$\log(x^2 - 2x\cos\theta + 1) = \log(2(1 - \cos\theta)) = \log 4\sin^2\frac{\theta}{2} \approx \log\theta$$

pour θ proche de 0. Donc la fonction est intégrable en 0.

Dans tous les cas, $I(x)$ est bien défini.

b/On a l'identité

$$\Pi_{p=1}^{n-1}(1 - 2x\cos\frac{p\pi}{n} + x^2) = \Pi_{p=1}^{n-1}(x - e^{\mathrm{i}\frac{p\pi}{n}})(x - e^{-\mathrm{i}\frac{p\pi}{n}}).$$

D'autre part $x^{2n} - 1 = 0$ a les $e^{\mathrm{i}\frac{2\pi}{2n}p}$ comme racines : $0 \leq p \leq 2n - 1$. Donc $\frac{x^{2n}-1}{x^2-1}$ a les mêmes racines que le produit ci-dessus. Les coefficients dominants sont les mêmes. Donc

$$\Pi_{p=1}^{n-1}(1 - 2x\cos\frac{p\pi}{n} + x^2) = \frac{x^{2n} - 1}{x^2 - 1}. \tag{1}$$

Pour $|x| < 1$ on utilise les sommes de Riemann. On trouve

$$I(x) = \lim_{n\to+\infty} \frac{1}{n}\int_0^\pi \log\left|\frac{x^{2n} - 1}{x^2 - 1}\right|d\theta = 0$$

De même si $|x| > 1$ on trouve

$$I(x) = \lim_{n\to+\infty} \frac{1}{n}\int_0^\pi \log\left|\frac{x^{2n} - 1}{x^2 - 1}\right|d\theta = 2\pi\log x.$$

c/$I(x) = I(-x)$ se montre grâce au changement de variable $\theta \to \pi - \theta$. Puis on a

$$I(\frac{1}{x}) = \int_0^\pi \log(\frac{1}{x^2} - 2\frac{1}{x}\cos\theta + 1)d\theta = I(x) - \pi\log x^2.$$

d/On a

$$2I(x) = I(x) + I(-x) =$$

$$\int_0^\pi \left[\log(1 - 2x\cos\theta + x^2) + \log(1 + 2x\cos\theta + x^2)\right]d\theta$$

$$= \int_0^\pi \log(1 - 2x^2\cos\theta + x^4)d\theta = I(x^2)$$

d'où le résultat.

Corrigé 5

a/Cela vient de la série convergente

$$(I - A)(I + A + A^2 + ...) = I.$$

Puis

$$x_{n+1} - x = (\alpha A + (1 - \alpha)I)(x_n - x)$$

avec

$$\|\alpha A + (1 - \alpha)I\| \leq \alpha\|A\| + 1 - \alpha \leq 1 - \epsilon$$

ce qui implique $\|x_{n+1} - x\| \leq (1 - \epsilon)^n\|x_1 - x_0\|$ et la convergence.

b/On rappelle que la projection orthogonale de x sur V_h est définie par

$$(P_h x, z_h) = (x, z_h), \forall z_h \in V_h.$$

On en déduit alors pour tout (x, y)

$$(P_h x, (I - P_h)y) = (P_h x, y) - (P_h x, P_h y)$$

$$(P_h x, y) - (P_h y, P_h x) = (P_h x, y) - (y, P_h x) = 0,$$

puis le "théorème de Pythagore"

$$||x||^2 = ||P_h x + (I - P_h)x||^2 = ||P_h x||^2 + (I - P_h)x||^2.$$

Ceci étant rappelé, à partir de $(I - P_h A)x_h = 0$ on a

$$||x_h||^2 = ||P_h A x_h||^2 = ||A x_h||^2 - ||(I - P_h)A x_h||^2$$

car P_h est un projecteur orthogonal.

$$||x_h||^2 \leq ||x_h||^2 - ||(I - P_h)A x_h||^2$$

i.e.

$$(I - P_h)A x_h = 0$$

car $||A|| \leq 1$. En combinant avec $(I - P_h A)x_h = 0$ on obtient $(I - A)x_h = 0$ donc $x_h = 0$.

c/A partir de

$$\begin{cases} (I - A)x = b \\ (I - P_h A)x_h = P_h b \end{cases} \tag{2}$$

on a en reprenant la démarche précédente

$$x - x_h = (I - P_h)b + P_h A(x - x_h) + (I - P_h)A x$$

$$||x - x_h||^2 = ||(I - P_h)(b + A x)||^2 + ||A(x - x_h)||^2 - ||(I - P_h)A(x - x_h)||^2$$

$$\leq ||(I - P_h)x||^2 + ||x - x_h||^2 - ||(I - P_h)A(x - x_h)||^2$$

ce qui implique

$$||(I - P_h)A(x - x_h)||^2 < ||(I - P_h)x||^2.$$

On vérifie alors que

$$(I - A)(x - x_h) - (I - P_h)x = (I - P_h)A(x - x_h).$$

D'où

$$||(I - A)(x - x_h) - (I - P_h)x||^2 \leq ||(I - P_h)x||^2$$

$$||(I - A)(x - x_h)||^2 - 2Re((I - A)(x - x_h), (I - P_h)x)$$

$$+ ||(I - P_h)x||^2 \leq ||(I - P_h)x||^2$$

i.e.

$$||(I - A)(x - x_h)||^2 \leq 2Re((I - A)(x - x_h), (I - P_h)x)$$

$$\leq 2||(I - A)(x - x_h)|| ||(I - P_h)x||$$

ce qui achève la preuve.

d/L'objectif est de faire apparaître $||(I - A)(x_n - x)||$. On a

$$||x_{n+1} - x||^2 = ||\alpha_n A + (1 - \alpha_n)I)(x_n - x)||^2$$

$$= \alpha_n^2 ||A(x_n - x)||^2 + (1 - \alpha_n)^2 ||x_n - x||^2$$

$$+\alpha_n(1 - \alpha_n)(||x_n - x||^2 + ||A(x_n - x)||^2) - \alpha_n(1 - \alpha_n)||(I - A)(x_n - x)||^2.$$

Or il existe $C > 0$ tel que $||(I - A)(x_n - x)|| > C||x_n - x||$ (à démontrer) car $I - A$ est inversible. Donc

$$||x_{n+1} - x||^2 \leq ||x_n - x||^2(1 - \alpha_{\min}(1 - \alpha_{\min})C)$$

ce qui implique la convergence.

Corrigé 6

a/Le rayon de convergence R est 1. En effet la série est trivialement convergente pour $|z| < 1$; et pour $|z| = 1$ le terme général de la série ne tend pas vers 0.

b/Soit $w_n = 1 - \frac{1}{2^n}$. Alors

$$f(w_n) \geq \sum_{m=0}^{n} w_n^{2^m} \geq (n + 1)(1 - \frac{1}{2^n})^{2^n}.$$

Donc

$$(n + 1)^{-1} f(w_n) \geq (1 - \frac{1}{2^n})^{2^n} \to e \text{ quand } n \to \infty$$

et donc $f(w_n) \to +\infty$. Le point 1 est un point singulier.

On a

$$f(z) - f(e^{i\frac{2\pi}{2^p}} z) = \sum_{m=0}^{p-1} z^{2^m} - \sum_{m=0}^{p-1} (e^{i\frac{2\pi}{2^p}} z)^{2^m}$$

donc la différence entre les deux termes de gauche est un polynôme en z qui prend des valeurs finies pour tout z complexe. Donc si $|f(z)|$ admet une limite infinie en z_0 ce sera également le cas de $|f(e^{i\frac{2\pi}{2^p}} z)|$. En résumé si f est singulière en z f est aussi singulière en $e^{i\frac{2\pi}{2^p}} z$.

c/Soit $z = e^{2i\pi\theta}$ de module 1. On considère la représentation en base 2 de θ qui est compris entre 0 inclus et 1 exclu.

$$\theta = \sum_{q=0}^{\infty} \frac{\alpha_q}{2^q}, \quad \text{avec } \alpha_q = 0 \text{ ou } 1.$$

Par composition du résultat précédent, on voit que

$$\theta_n = \sum_{q=0}^{n} \frac{\alpha_q}{2^q}, \quad \text{avec } \alpha_q = 0 \text{ ou } 1.$$

est un point singulier et que $z_n = e^{2\pi i\theta_n} \to z$, ce qui donne le résultat.

Corrigé 7

a/ De la périodicité et de la continuité de g on déduit que g' est uniformément bornée sur $\mathbb{R}$.

La série est C^1 en tant que série convergente dont la série des dérivées est uniformément convergente.

b/ Le plus simple est de considérer

$$f(x) - f(y) = \sum_{p=0}^{P} \frac{g(4^p x) - g(4^p y)}{4^p} + \sum_{p=P+1}^{\infty} \frac{g(4^p x) - g(4^p y)}{4^p}$$

On commence par fixer $P(\epsilon)$ pour que le deuxième terme soit plus petit que ϵ. Cela peut se faire indépendamment de x, y car g est uniformément bornée sur $\mathbb{R}$. Puis on fixe $\alpha = \alpha(P(\epsilon), \epsilon) = \alpha(\epsilon)$ pour que si $|x - y| \le \epsilon$ alors le premier terme soit plus petit que ϵ. Cela prouve la continuité.

On a

$$f(x + 1) = \sum \frac{g(4^p(x + 1))}{4^p} = \sum \frac{g(4^p x)}{4^p} = f(x)$$

ce qui prouve la périodicité.

c/ On a

$$f(4x) - 4f(x) = \sum_0^{\infty} \frac{g(4^{p+1} x)}{4^p} - \sum_0^{\infty} \frac{g(4^p x)}{4^{p-1}} = -4g(x) = -4|x|$$

ce qui montre que f n'est pas dérivable en 0. En effet, si elle était dérivable en 0, $\frac{f(4x)}{4x} - \frac{f(x)}{x}$ aurait pour limite 0 en $x = 0$, ce qui n'est pas le cas, car $\frac{f(4x)}{4x} - \frac{f(x)}{x} = -\frac{|x|}{x}$.

Corrigé 8

a/ Calcul:

$$P_2(x) = \frac{3}{8} + \frac{3}{4}x^2 - \frac{1}{8}x^4$$

$$P_3(x) = \frac{183}{128} - \frac{9}{13}x^2 - \frac{15}{64}x^4 + \frac{3}{32}x^6 - \frac{1}{128}x^8$$

Si (x, y) est tel que $y = P_n(x)$ pour tout n, alors

$$y = P_n(x) = \frac{3 - P_{n-1}^2(x)}{2} = \frac{3 - y^2}{2}$$

Donc $y = -3$ ou $y = 1$. A partir de $y = P_1(x) = \frac{3 - x^2}{2}$ on voit que si $y = -3$ alors $x = \pm 3$ et que si $y = 1$ alors $x = \pm 1$.

Réciproquement on vérifie par récurrence
- $y = P_1(x)$ pour les 4 couples mis en évidence,
- si $y = P_n(x)$ pour les 4 couples mis en évidence, alors $y = P_{n+1}(x)$ aussi.

b/• H^1 est trivialement vrai.

   • Supposons que H^n soit vrai. Alors

$$\forall x \geq x_n^+, \quad P'_{n+1}(x) = -.5 P_n(x) P'_n(x) \leq 0$$

De plus $P_{n+1}(x_n^+) = 1.5 > 0$ et $\lim_{+\infty} P_{n+1}(x) = -\infty$ (car le coefficient dominant de $P_{n+1}(x)$ est $\frac{-1 x^{2^{n+1}}}{2^{n+1}}$). Donc $\exists! x_{n+1}^+ > x_n^+$ tel que $P_{n+1}(x_{n+1}^+) = 0$.

De même $\exists! x_{n+1}^- < x_n^-$ tel que $P_{n+1}(x_{n+1}^-) = 0$.

Pour $x \in [x_n^-, x_n^+]$ $P_{n+1}(x) = \frac{3 - P_{n-1}^2(x)}{2} \geq \frac{3 - \frac{3}{2}^2}{2} = \frac{3}{8} > 0$ et $P_{n+1}(x) = \frac{3 - P_{n-1}^2(x)}{2} \leq \frac{3}{2}$. Le reste des vérifications est aisé.

Corrigé 9

a/Les solutions sur $x < 0$ de l'équation différentielle sont (variation de la constante)

$$y = \alpha e^{-x} + e^{-x} \int_{-\infty}^{x} e^t t^{-1} dt.$$

On a pour $-1 < x < 0$

$$\left| \int_{-1}^{x} e^t t^{-1} dt \leq \int_{-1}^{x} |t|^{-1} dt = \log(-x) \right.$$

donc $\lim_{x \to 0^-} xy(x) = 0$.

On vérifie que $| \int_{-\infty}^{x} e^t t^{-1} dt| \leq \frac{1}{-x} e^x$ ce qui montre qu'il faut prendre $\alpha = 0$ dans la solution générale. On trouve $y_0(x) = e^{-x} \int_{-\infty}^{x} e^t t^{-1} dt$.

b/La preuve peut se faire à l'aide d'intégrations par parties successives. Voici une preuve directe. Soit w

$$w(x) = \frac{1}{x} + \frac{1!}{x^2} + \frac{2!}{x^3} + \ldots \frac{n!}{x^{n+1}} + (n+1)! e^{-x} \int_{-\infty}^{x} e^t t^{-n-2} dt.$$

Alors en dérivant directement

$$w' = \begin{array}{l} \frac{-1}{x^2} + \frac{-2!}{x^3} + \frac{-3!}{x^4} + \ldots \frac{-(n+1)!}{x^{n+2}} \\ -(n+1)! e^{-x} \int_{-\infty}^{x} e^t t^{-n-2} dt + (n+1)! x^{-n-2}. \end{array}$$

En sommant ces deux termes on a

$$w' + w = x^{-1}.$$

D'autre part w a pour limite 0 en $-\infty$ donc $w = y_0$. Donc finalement

$$R_n = y_0(x) - \frac{1}{x} - \frac{1!}{x^2} - \frac{2!}{x^3} - \ldots \frac{n!}{x^{n+1}}.$$

c/On a

$$R_n = (n+1)! \int_{-\infty}^{x} e^{t-x} t^{-n-2} dt$$

avec $e^{t-x} \leq 1$. Donc

$$|R_n| \leq (n+1)! \int_{-\infty}^{x} |t^{-n-2}| dt = |\frac{(n)!}{x^{n+1}}|$$

ce qui montre que R_n est majoré par le dernier terme de la série.
Pour $x = -5$, $|R_n| \leq \frac{n!}{5^{n+1}}$. Donc l'optimum est $n = 4$ ou $n = 5$. Alors $|R_n| \leq \frac{24}{5^5} \leq \frac{1}{125}$.
Et on fait les calculs.

Corrigé 10

a/La dimension de l'espace des solutions est 2 (théorème de Cauchy-Lipschitz).
D'autre part si $y(x)$ est solution alors on vérifie que $y(-x)$ est aussi solution. Donc $y_0(x) = y(x) + y(-x)$ et $y_1(x) = y(x) - y(-x)$ sont solution. Ce qui fournit dans le cas général la réponse à la question. La seule difficulté pourrait venir du fait que y_0 ou y_1 soit égal à 0.
Faisons donc l'hypothèse (pour simplifier) que toutes les solutions y sont paires (ce qui implique $y_1 = 0$ et ne permet pas de construire de solution impaire). On aurait alors un espace de solution de dimension 2, toutes les solutions étant paires. Soit w_0 et w_2 deux solutions linéairement indépendantes de ce type. Alors

$$w_0'(0) = 0 \text{ par parité}$$

$$w_1'(0) = 0 \text{ par parité}$$

donc les conditions initiales en 0 $(w_0(0), w_0'(0))$ et $(w_1(0), w_1'(0))$ sont proportionnelles. C'est donc que $w_0(x)$ et $w_1(x)$ sont proportionnelles ce qui est impossible.
On refait le même raisonnement pour les solutions impaires.
Il y a toujours existence d'une solution paire et d'une solution impaire. Les autres solutions sont des combinaisons linéaires de ces deux là.

b/A présent on considère les solutions périodiques dont on suppose l'existence.
La décomposition de Fourier de y_0 est

$$y_0(x) = \sum_{r=0}^{\infty} c_r \cos(2rx) + \sum_{r=1}^{\infty} d_r \cos(2rx).$$

Comme y_0 est C^2, on peut montrer si nécessaire par double intégration par parties que tous les coefficients de Fourier décroissent en $\frac{1}{r^2}$. Par exemple

$$d_r = -\frac{1}{4r^2} \int_0^{2\pi} \sin(2rx) y_0''(x) dx$$

La parité de y_0 implique que tous les d_n sont nuls (faire le changement de variable $x \to 2\pi - x$).

On a

$$y_0''(x) = -\sum_{r=0}^{\infty}(4r^2)c_r \cos(2rx)$$

et

$$(a - 2x\cos\theta)y_0 = \sum_{r=0}^{\infty} ac_r \cos(2rx)$$

$$-2\theta \sum_{r=0}^{\infty} c_r \frac{\cos(2(r+1)x) + \cos(2(r-1)x)}{2}.$$

On compare tous les coefficients

$$r = 0, \quad ac_0 - \theta c_1 = 0$$

$$r = 1, \quad -4c_1 + ac_1 - 2\theta c_0 - \theta c_2 = 0$$

$$r \geq 2, \quad -4r^2 c_r + ac_r - \theta c_{r-1} - \theta c_{r+1} = 0$$

ce qui donne les relations de récurrence demandées.

De même pour la solution impaire

$$y_1(x) = \sum_{r=1}^{\infty} c_r' \cos(2rx)$$

$$y_1''(x) = -\sum_{r=1}^{\infty}(4r^2)c_r' \sin(2rx)$$

et

$$(a - 2x\cos\theta)y_1 = \sum_{r=1}^{\infty} ac_r \sin(2rx)$$

$$-2\theta \sum_{r=1}^{\infty} c_r \frac{\sin(2(r+1)x) + \sin(2(r-1)x)}{2}.$$

On en déduit pour les coefficients

$$r = 1, \quad -4c_1' + ac_1' - \theta c_2' = 0$$

$$r \geq 2, \quad -4r^2 c_r' + ac_r' - \theta c_{r-1}' - \theta c_{r+1}' = 0.$$

c/ On prend la formule de récurrence générale pour c_r et on la multiplie par c_r. De même on prend la formule de récurrence générale pour c_r' et on la multiplie par c_r'. On soustrait ces deux expressions:

$$\theta\left[(c_{r-1}' + c_{r+1}')c_r - (c_{r-1} + c_{r+1})c_r'\right] = 0.$$

Donc si $\theta \neq 0$ ce que nous supposons à présent alors

$$\begin{vmatrix} c_r & c_{r+1} \\ c_r' & c_{r+1}' \end{vmatrix} = \begin{vmatrix} c_{r-1} & c_r \\ c_{r-1}' & c_r' \end{vmatrix}$$

$$= \begin{vmatrix} c_1 & c_2 \\ c_1' & c_2' \end{vmatrix} = 2\frac{\theta}{a}c_1 c_1' \text{ tous calculs faits.}$$

Si on suppose l'existence simultanée de deux solutions périodiques indépendantes dont l'une est paire et l'autre impaire (point a)), alors on voit que le déterminant des coefficients est constant. Comme les coefficients de Fourier c_r et c_r' tendent vers 0 pour r grand, on en déduit que $c_1 c_1' = 0$. Les relations de récurrence montrent alors que l'une au moins des deux solutions est nulle. D'où la contradiction. Il n'y a jamais deux solutions périodiques indépendantes pour cette équation (équation de Mathieu).

Corrigé 11

a/On peut mettre le système sous la forme $\dot{X} = F(X)$ où F est C^1 sur $]0; \infty[\times\mathbb{R}$; il existe donc une unique solution maximale au problème de Cauchy.

$z = xy$

$\dot{z} = 1 \Rightarrow x(t)y(t) = t + y_0.$

$\dot{x} = \dfrac{t + y_0}{x} \Rightarrow \dfrac{1}{2}\dot{x}^2 = t + y_0.$

$x(t)^2 - 1 = t^2 + 2y_0 t$ et, par continuité de la solution, $x(t) = \sqrt{t^2 + 2y_0 t + 1}$ (la quantité sous le radical reste bien strictement positive).

On a alors $y(t) = (t + y_0)/\sqrt{t^2 + 2y_0 t + 1}$.

b/La courbe est symétrique par rapport à l'axe (Ox) : on vérifie que $x(s) = x(t)$ et $y(s) = -y(t)$ avec $t + y_0 = -(s + y_0)$.

$y(t) = 0 \Rightarrow t = -y_0$, $x(t) = \sqrt{1 - y_0^2}$ et la dérivée est parallèle à (Oy) en ce point.

c/On forme $\Phi(t) = \phi(x(t), y(t))$ et on vérifie immédiatement que

$$\frac{d\Phi}{dt} = y(t)\frac{\partial\phi}{\partial x}(x(t), y(t)) + \frac{1}{x(t)}\frac{y(t)^2}{}\frac{\partial\phi}{\partial y}(x(t), y(t)) = 0.$$

Donc $\phi(x(t), y(t)) = $ constante.

d/Soit $\Psi(t) = \psi(x(t), y(t))$; cette fonction vérifie l'équation différentielle ordinaire

$$\begin{cases} \dfrac{d\Psi}{dt} + \Psi = 0 \\ \Psi(0) = \psi(1, y_0) = 1. \end{cases}$$

D'où $\Psi(t) = e^{-t}$. On se donne $(x, y) \in]0, 1]\times]-1, 1[$; il existe alors un unique t tel que $x(t) = x$ et $y(t) = y$, c'est-à-dire

$$\begin{cases} \sqrt{t^2 + 2y_0 t + 1} = x \\ (t + y_0)/\sqrt{t^2 + 2y_0 t + 1} = y \end{cases}$$

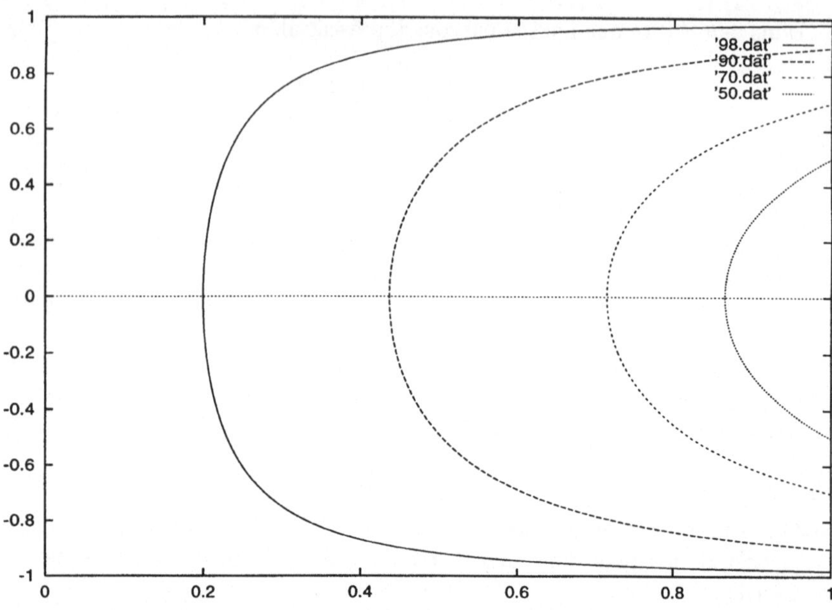

Fig. 1. Représentation des trajectoires dans le plan (Oxy)

Après quelques manipulations algébriques élémentaires on arrive à

$$t = xy + \sqrt{x^2y^2 + 1 - x^2}$$

et donc

$$\Psi(x, y) = \exp(-xy - \sqrt{x^2y^2 + 1 - x^2})$$

On peut vérifier a posteriori que cette fonction vérifie bien l'équation initiale.

Corrigé 12

a/Un paramétrage de la droite $\mathcal{D}(\theta)$ est $\begin{pmatrix} t\cos(\theta) \\ t\sin(\theta) \end{pmatrix} = M(t), \ t \in \mathbb{R}. \ \rho_M(\theta)^2$ est le minimum de la fonction

$$d(t) = d(M, M(t))^2 = (x - t\cos(\theta))^2 + (y - t\sin(\theta))^2.$$

$d'(t_0) = 0 \Leftrightarrow t_0 = x\cos(\theta) + y\sin(\theta)$ d'où

$$\rho_M(\theta) = \sqrt{d(t_0)} = \sqrt{x^2 + y^2 - (x\cos(\theta) + y\sin(\theta))^2}.$$

b/On a $\rho_M(\theta) \equiv 0 \Leftrightarrow M = 0$. Sinon, il existe une unique droite passant par l'origine et M, donc il existe un unique θ_0 tel que $\rho_M(\theta_0) = 0$. Soit $\theta_1 = \theta_0 + \frac{\pi}{2}$; M est sur la droite $\mathcal{D}(\theta_0)$ à la distance $\rho_M(\theta_1)$ de l'origine. Il y a deux points vérifiant cette condition; ils sont symétriques par rapport à O $(\rho_M(\theta) = \rho_{-M}(\theta))$.

c/Avec les notations du b/, on a $\theta_0 = \frac{\pi}{4}$ et $\rho_M(\theta_1) = \sqrt{2}$ d'où $M = \pm(1,1)$.

d/Premier cas : le déterminant de T vaut 1. T est une rotation d'angle θ' (les valeurs propres de T sont $e^{i\theta'}$ et $e^{-i\theta'}$). On a alors

$$\rho_{T(M)}(\theta) = \rho_M(\theta - \theta').$$

Deuxième cas : le déterminant de T vaut -1. T est une symétrie orthogonale par rapport à la droite $\mathcal{D}(\theta')$ (les valeurs propres de T sont $e^{i\theta'}$ et $-e^{-i\theta'}$). On a alors

$$\rho_{T(M)}(\theta) = \rho_M(2\theta' - \theta).$$

Corrigé 13

a/L'application

$$[-1;1] \times \mathbb{R} \implies \mathbb{C}$$
$$(\mu, x) \qquad \frac{1}{1 + i\mu x}$$

est continue bornée car $\left| \dfrac{1}{1 + i\mu x} \right| \leq 1$ d'où la continuité (et l'existence) de la fonction $x \to I(x)$. On a

$$\frac{\partial}{\partial x} \frac{1}{1 + i\mu x} = \frac{-i\mu}{(1 + i\mu x)^2}$$

et l'application

$$[-1;1] \times \mathbb{R} \implies \mathbb{C}$$
$$(\mu, x) \qquad \frac{-i\mu}{(1 + i\mu x)^2}$$

est continue bornée car $\left| \dfrac{-i\mu}{(1 + i\mu x)^2} \right| \leq 1$.

D'après le théorème de dérivation sous le signe intégral, $I(x)$ est donc de classe C^1 et

$$I' = -\frac{1}{2} \int_{-1}^{1} \frac{i\mu}{(1 + i\mu x)^2} d\mu.$$

On a

$$I' = -\frac{1}{x} I + \frac{1}{2x} \int_{-1}^{1} \frac{1}{(1 + i\mu x)^2} d\mu.$$

On sait intégrer $\displaystyle\int \frac{1}{(1 + i\mu x)^2} d\mu$:

$$\frac{1}{2} \int_{-1}^{1} \frac{1}{(1 + i\mu x)^2} d\mu = \frac{1}{1 + x^2}.$$

D'où l'équation différentielle

$$x I' + I = \frac{1}{1 + x^2}, \quad I(0) = 1.$$

b/$I(x) = \dfrac{\arctan(x)}{x}$.

c/Soit T une rotation de centre O. On vérifie aisément que $J(T\mathbf{k}) = J(\mathbf{k})$ et donc $J(\mathbf{k}) = J(|\mathbf{k}|, 0, 0)$ ce qui, avec le paramétrage de la sphère S indiqué, conduit à

$$J(\mathbf{k}) = \frac{1}{2} \int_{-1}^{1} \frac{1}{1 + i\mu|\mathbf{k}|} d\mu = \frac{\arctan(|\mathbf{k}|)}{|\mathbf{k}|}.$$

Corrigé 14

a/Notons T_0 la période de f et $[x]$ la partie entière d'un réel x. On a

$$\int_0^T f(t)dt = \int_0^{T_0\left[\frac{T}{T_0}\right]} f(t)dt + \int_{T_0\left[\frac{T}{T_0}\right]}^{T} f(t)dt$$

d'où

$$\left| \int_0^T f(t)dt - \left[\frac{T}{T_0}\right] \int_0^{T_0} f(t)dt \right| \leq \int_0^{T_0} |f(t)|dt$$

En divisant par T, on obtient

$$\lim_{T \to \infty} \frac{\displaystyle\int_0^T f(t)dt - \left[\frac{T}{T_0}\right] \int_0^{T_0} f(t)dt}{T} = 0.$$

D'autre part

$$\lim_{T \to \infty} \left[\frac{T}{T_0}\right] \frac{T_0}{T} = 1,$$

d'où

$$\lim_{T \to \infty} \frac{1}{T} \int_0^T f(t)dt = \frac{1}{T_0} \int_0^{T_0} f(t)dt.$$

b/On peut, sans restreindre la généralité, supposer que $l = 0$. Pour $t \geq T_1(\epsilon)$, on a $|f(t)| \leq \epsilon$; il ne reste qu'à couper l'intégrale en 2

$$\left| \frac{1}{T} \int_0^T f(t)dt \right| \leq \left| \frac{1}{T} \int_0^{T_1(\epsilon)} f(t)dt \right| + \left| \frac{1}{T} \int_{T_1(\epsilon)}^{T} f(t)dt \right|$$

$$\leq \sup_{\mathbf{R}} |f| \frac{T_1(\epsilon)}{T} + \epsilon$$

Pour $T > T_2(T_1(\epsilon), \epsilon) = T_2(\epsilon)$, $\frac{T_1(\epsilon)}{T} \leq \epsilon$ et donc

$$\left| \frac{1}{T} \int_0^T f(t)dt \right| \leq (\sup_{\mathbf{R}} |f| + 1)\epsilon$$

ce qui prouve la convergence de $\dfrac{1}{T} \int_0^T f(t)dt$ vers 0.

c/On commence par prouver la convergence de l'intégrale; le calcul de la limite en découlera immédiatement.

On note $F(s)$ la primitive de f qui s'annule en 0, $F(s) = \int_0^s f(t)dt$.

Alors, en intégrant par parties

$$\int_0^A e^{-t}f(\frac{t}{\epsilon})dt = \epsilon \int_0^{A/\epsilon} e^{-\epsilon t}f(t)dt$$

$$= \epsilon \left[e^{-\epsilon s}F(s)\right]_0^{A/\epsilon} + \epsilon^2 \int_0^{A/\epsilon} e^{-\epsilon s}F(s)ds$$

$$= \epsilon e^{-A}F(\frac{A}{\epsilon}) + \epsilon \int_0^A e^{-s}F(\frac{s}{\epsilon})ds.$$

Par hypothèse $D_T(f) = \dfrac{F(T)}{T}$ admet une limite quand T tend vers l'infini donc $F(T) \leq CT$ pour une certaine constante C et

$$\int_0^A e^{-t}f(\frac{t}{\epsilon})dt \leq C(e^{-A}A + \int_0^A e^{-s}sds).$$

Le membre de droite restant borné quand A tend vers l'infini (toutes les fonctions considérées sont à valeurs positives), l'intégrale converge et on a, en intégrant par parties de 0 à ∞

$$\int_0^\infty e^{-t}f(\frac{t}{\epsilon})dt = \epsilon \int_0^\infty e^{-s}F(\frac{s}{\epsilon})ds.$$

Comme $\epsilon F(\frac{s}{\epsilon}) \to sD_\infty(f)$ quand ϵ tend vers 0 (convergence simple de fonctions) on peut passer à la limite sous l'intégrale par convergence dominée et

$$\lim_{\epsilon \to 0} \int_0^\infty e^{-t}f(\frac{t}{\epsilon})dt = D_\infty(f) \int_0^\infty e^{-s}sds = D_\infty(f).$$

Corrigé 15

a/On cherche v de la forme $v = \sum_n a_n r^n$, de rayon de convergence supérieur à $|r_0|$. On a alors

$$\frac{1}{r^2}(r^2 v')' = \frac{1}{r^2}\sum_{n \geq 0} n(n+1)a_n r^n$$

et

$$\frac{1}{r^2}(r^2 v')' - v = \sum_{n \geq 0}[-a_n + (n+2)(n+3)a_{n+2}]r^n + 2\frac{a_1}{r}.$$

v est solution si

$$a_1 = 0 \Rightarrow a_{2p+1} = 0$$
$$a_{n+2} = \frac{a_n}{(n+2)(n+3)} \Rightarrow a_{2p} = \frac{a_0}{(2p+1)!}$$

et donc

$$v(r) = v(0) \sum_{p \geq 0} \frac{r^{2p}}{(2p+1)!} = v(0)\frac{\sinh(r)}{r} = \frac{r_0}{\sinh(r_0)}\frac{\sinh(r)}{r}.$$

car le rayon de convergence de la série est infini et donc supérieur à $|r_0|$.
b/Soit u une solution de classe C^2; on a

$$u''(r) + 2\frac{u'(r)}{r} - u(r) = 0$$

soit $u'(r) = \frac{r}{2}(u(r) - u''(r))$. Quand r tend vers 0, $u''(r) - u(r)$ reste borné car u est C^2 donc $u'(0) = 0$.
c/On pose $u = vw$; w vérifie alors

$$w'' + \phi w' = 0, \ \phi = 2(v' + \frac{v}{r})$$

d'où

$$w'(r) = w'(r_0) \exp\left(-\int_{r_0}^{r} \phi(s)ds\right).$$

Si u est de classe C^2 alors $w = \frac{u}{v}$ est aussi de classe C^2 car v est C^∞ et ne s'annule pas sur $\mathbb{R}$ (le développement en série entière montre que $\sinh(|r|) > |r|$ pour tout $r \neq 0$). Donc w' est de classe C^1; or la fonction ϕ n'étant pas intégrable en 0, la seule fonction C^1 de la forme

$$w'(r_0) \exp\left(-\int_{r_0}^{r} \phi(s)ds\right)$$

est la fonction nulle. Donc $w'(r) = 0$, w est une constante et donc $u = v$.
d/L'équation différentielle du premier ordre peut se mettre sous la forme

$$\frac{d}{dr}\begin{pmatrix} u_1 \\ u_2 \end{pmatrix} = \begin{pmatrix} 0 & 1 \\ 1 & -\frac{2}{r} \end{pmatrix}\begin{pmatrix} u_1 \\ u_2 \end{pmatrix}$$

mais la fonction $r \to \begin{pmatrix} 0 & 1 \\ 1 & -\frac{2}{r} \end{pmatrix}$ n'étant pas continue sur $[-r_0; r_0]$ le théorème de Cauchy ne s'applique pas.
e/Calcul immédiat (composition des dérivées). Il suffit d'imposer la connaissance de Ψ sur le bord d'une sphère pour connaître Ψ à l'intérieur de la sphère.

Corrigé 16

a/ On constate que le vecteur $V = (1, \cdots, 1)$ est dans le noyau donc M_n est de déterminant nul.

b/ Soit X de coordonnées $(x_1, \cdots, x_n)$. En posant $x_{n+1} = x_n$, on a

$$\langle X, M_n X \rangle = 2 \sum_{i=1}^{n} x_i^2 - 2 \sum_{i=1}^{n} x_i x_{i+1}.$$

L'inégalité de Cauchy-Schwarz s'écrit

$$\left| \sum_{i=1}^{n} x_i x_{i+1} \right| \leq \sqrt{\sum_{i=1}^{n} x_i^2} \sqrt{\sum_{i=1}^{n} x_{i+1}^2} = \sum_{i=1}^{n} x_i^2$$

et donc $\langle X, M_n X \rangle \geq 0$, la matrice est donc positive. Il y a égalité si et seulement si il y a égalité dans l'inégalité de Cauchy-Schwarz, donc si les coordonnées sont constantes. Le noyau de M_n est donc réduit à la droite vectorielle engendrée par $V = (1, \cdots, 1)$.

c/ Comme f est périodique, on a $f(\frac{1}{n}) = f(\frac{n+1}{n})$. On effectue un développement de Taylor : il existe $\xi_1 \in [0,1]$ tel que

$$f(\frac{i+1}{n}) = f(\frac{i}{n}) + \frac{1}{n} f'(\frac{i}{n}) + \frac{1}{2n^2} f''(\frac{i}{n}) + \frac{1}{6n^3} f^{(3)}(\xi_1).$$

De même, il existe $\xi_2 \in [0,1]$ tel que

$$f(\frac{i-1}{n}) = f(\frac{i}{n}) - \frac{1}{n} f'(\frac{i}{n}) + \frac{1}{2n^2} f''(\frac{i}{n}) + \frac{1}{6n^3} f^{(3)}(\xi_2).$$

D'autre part,

$$\|n^2 M_n X_f^n + X_{f''}^n\| = n^2 \sup_i |2f(\frac{i}{n}) - f(\frac{i+1}{n}) - f(\frac{i-1}{n}) + \frac{1}{n^2} f''(\frac{i}{n})|$$

soit, en utilisant les deux égalités de Taylor ci-dessus

$$\|n^2 M_n X_f^n + X_{f''}^n\| \leq \frac{1}{3n} \sup_{x \in [0,1]} |f^{(3)}(x)|.$$

d/ On a
$$\|X_f^n - X_{f''}^n\| \leq \|n^2 M_n X_f^n + X_f^n\| + \|n^2 M_n X_f^n + X_{f''}^n\|$$

et donc
$$\lim_{n \to \infty} \|X_f^n - X_{f''}^n\| = 0.$$

On va alors montrer que $f - f'' = 0$.

Soit $x \in [0,1]$ et x_p une suite de rationnels dans $[0,1]$ tendant vers x. Alors

$$|f''(x) - f(x)| \leq |f''(x) - f''(x_p)| + |f''(x_p) - f(x_p)| + |f(x_p) - f(x)|.$$

Soit $\epsilon > 0$, par continuité de f et f'', il existe p tel que

$$|f''(x) - f''(x_p)| + |f(x_p) - f(x)| \leq \epsilon.$$

Ce rationnel x_p s'écrit $x_p = \frac{P}{Q}$ (avec $P \leq Q$). Il existe n_0 tel que, pour $n \geq n_0$ on a

$$\sup_{i \in [0,n]} |f''(\frac{i}{n}) - f(\frac{i}{n})| \leq \epsilon.$$

On réécrit

$$x_p = \frac{P}{Q} = \frac{Pn_0}{Qn_0} = \frac{i}{N}$$

avec $n_0 \leq N$ donc $|f''(x_p) - f(x_p)| \leq \epsilon$ et finalement, pour tout $\epsilon > 0$

$$|f''(x) - f(x)| \leq 2\epsilon$$

ce qui prouve que $f = f''$ et donc

$$f(x) = ae^x + b^{-x}.$$

Comme f est périodique $f(x) = 0$ pour tout x.

Corrigé 17

a/ $f = 1$, $u_n = 1 - e^{-n} \to 1$.

$f = \cos(x)$, $u_n = \Re(e^{-n} \int_0^n e^{(1+i)x}dx) = \Re(\frac{e^{in}-e^{-n}}{1+i})$.

$u_n = \frac{\cos(n)+\sin(n)-e^{-n}}{2}$.

La suite de terme général $\alpha_n = \cos(n) + \sin(n)$ ne converge pas quand n tend vers l'infini. Nous donnons ici une démonstration rigoureuse de cette assertion qui pourrait paraître naturelle (et donc évidente) à certains. Remarquons tout d'abord que $\alpha_n = \sqrt{2}\sin(n + \frac{\pi}{4})$. Nous exploitons ici les relations

$$\begin{cases} \cos(n + 1 + \frac{\pi}{4}) = \cos(1)\cos(n + \frac{\pi}{4}) - \sin(1)\sin(n + \frac{\pi}{4}) \\ \sin(n + 1 + \frac{\pi}{4}) = \sin(1)\cos(n + \frac{\pi}{4}) + \cos(1)\sin(n + \frac{\pi}{4}). \end{cases}$$

On remarque que, de la première égalité, on déduit l'équivalence

$$\text{la suite } \cos(n + \frac{\pi}{4}) \text{ converge} \Leftrightarrow \text{ la suite } \sin(n + \frac{\pi}{4}) \text{ converge }.$$

Nous allons raisonner par l'absurde.

Supposons que la suite $(\cos(n + \frac{\pi}{4}), \sin(n + \frac{\pi}{4}))$ converge vers (l, l'). Alors la suite $(\cos(n + 1 + \frac{\pi}{4}), \sin(n + 1 + \frac{\pi}{4}))$ converge également vers (l, l'). D'où :

$$l = l\cos(1) - l'\sin(1)$$
$$l' = l\sin(1) + l'\cos(1).$$

Résolvant ce système, on obtient $l = l' = 0$. Mais d'autre part

$$\cos^2(n + \frac{\pi}{4}) + \sin^2(n + \frac{\pi}{4}) = 1.$$

En faisant tendre n vers l'infini dans cette égalité on trouve $0 = 1$, ce qui est absurde, donc la suite $(\cos(n + \frac{\pi}{4}), \sin(n + \frac{\pi}{4}))$ ne converge pas.

b/ $f \to l$. Soit $\epsilon > 0$ et $x_0 > 0$ tel que $|f(x) - l| < \epsilon$ pour $x > x_0$. On écrit

$$l = e^{-n} \int_0^n e^x dx + le^{-n}$$

d'où, pour $n \geq x_0$,

$$|u_n - l| \;\leq e^{-n} \int_0^{x_0} |f(x) - l| e^x dx + e^{-n} \int_{x_0}^n |f(x) - l| e^x dx + le^{-n}$$
$$\leq 2e^{-n}(e^{x_0} - 1) \sup |f| + \epsilon + le^{-n}$$

et pour $n \geq n_0(x_0, \epsilon) = n_0(\epsilon)$, $2e^{-n}(e^{x_0} - 1) \sup |f| + le^{-n} < \epsilon$ et finalement

$$|u_n - l| \leq 2\epsilon$$

ce qu'il fallait prouver.

c/ On va montrer que $u_n \sim n^\alpha$.

On écrit $f(x) = x^\alpha(1 + \epsilon(x))$ avec $\epsilon(x) \to 0$ lorsque $x \to +\infty$.

On remarque d'abord que $u_n \sim e^{-n} \int_a^n e^x f(x) dx$ pour tout $a > 0$ car $\int_0^\infty e^x f(x) dx = \infty$. On a donc, pour $a > 0$ (afin que les intégrales convergent en a)

$$u_n \sim e^{-n} \int_a^n e^x x^\alpha dx + e^{-n} \int_a^n e^x x^\alpha \epsilon(x) dx.$$

Or la deuxième intégrale est négligeable devant la première. En effet, on montre le lemme intermédiaire suivant :

si $\dfrac{f}{g} \to \infty$ et $\int_a^\infty g(x) e^x dx = \infty$ alors $\dfrac{\int_a^n e^x f(x) dx}{\int_a^n e^x g(x) dx} \to 0$.

Preuve :

soit $b > a$ tel que $\frac{f(x)}{g(x)} < \eta$ pour $x > b$, on a alors

$$\frac{\int_a^n e^x f(x) dx}{\int_a^n e^x g(x) dx} \leq \frac{\int_a^b e^x f(x) dx}{\int_a^n e^x g(x) dx} + \frac{\int_b^n e^x \eta g(x) dx}{\int_a^n e^x g(x) dx} \leq \frac{\int_a^b e^x f(x) dx}{\int_a^n e^x g(x) dx} + \eta$$

et $\dfrac{\int_a^b e^x f(x) dx}{\int_a^n e^x g(x) dx} \leq \eta$ pour $n > n(b, \eta) = n(\eta)$. Ce qui prouve le lemme.

On a donc

$$u_n \sim e^{-n} \int_a^n e^x x^\alpha dx.$$

En intégrant par parties

$$u_n \sim n^\alpha - \alpha e^{-n} \int_a^\infty e^x x^{\alpha-1} dx.$$

On réapplique le lemme. La suite

$$e^{-n} \int_a^\infty e^x x^{\alpha-1} dx$$

est négligeable devant

$$e^{-n} \int_a^\infty e^x x^\alpha dx$$

et finalement

$$u_n \sim n^\alpha.$$

Corrigé 18

a/On a

$$\int_0^\infty (Y(t) - X(t))dt = \frac{1}{\bar{a}} - \int_0^1 ds \int_0^\infty e^{-a(s)t} dt$$
$$= \frac{1}{\bar{a}} - \int_0^1 \frac{ds}{a(s)}$$

d'où

$$\bar{a} = \frac{1}{\int_0^1 \frac{ds}{a(s)}}$$

(moyenne harmonique).

b/On a

$$\int_0^{t_0} (Y(t) - X(t))dt = \frac{1 - e^{-\bar{a}t_0}}{\bar{a}} - \int_0^1 \frac{1 - e^{-a(s)t_0}}{a(s)} ds$$

On étudie la fonction $f(a) = \dfrac{1 - e^{-at_0}}{a}$, $a \neq 0$ avec $f(0) = t_0$ pour $t_0 > 0$ fixé. Cette fonction est de classe C^∞ sur $\mathbb{R}$ (car développable en série entière).

$$f'(a) = \frac{\tilde{g}(a)}{a^2}$$
$$\tilde{g}(a) = e^{-at_0}(at_0 + 1) - 1$$
$$\tilde{g}'(a) = -at_0^2 e^{-at_0} < 0$$

D'où le tableau de variations

	0		∞
$\tilde{g}'$	$-$	$-$	$-$
$\tilde{g}$	0	$\searrow$	-1
f'	$-$	$-$	$-$
f	t_0	$\searrow$	0

Donc f est une bijection (un C^1 difféomorphisme) de $[0; \infty[$ dans $]0, t_0]$. On en déduit que

$$\int_0^1 f(a(s))ds \in]0; t_0]$$

et donc il existe un unique $\bar{a}$ répondant à la question défini par

$$\bar{a} = f^{-1}\left(\int_0^1 f(a(s))ds\right).$$

c/ Une démonstration générale nécessiterait l'emploi du théorème des fonctions implicites (hors-programme) mais il n'y en a pas besoin. On a, par définition

$$(\star) \quad \frac{1 - e^{-\bar{a}t_0}}{\bar{a}} = \int_0^1 \frac{1 - e^{-a(s)t_0}}{a(s)}ds.$$

On introduit la fonction $g(u) = \frac{1-e^{-u}}{u}$. Cette fonction est prolongée par 1 en $u = 0$, et est continue et dérivable sur $[0, \infty[$. C'est un difféomorphisme décroissant de $[0, +\infty[$ vers $[1, 0[$. L'égalité $(\star)$ se réécrit

$$(\star\star)\, g(\bar{a}t_0) = \int_0^1 g(a(s)t_0)ds.$$

La fonction g est bornée, et la limite lorsque t_0 tend vers 0 de $g(a(s)t_0)$ est $g(0) = 1$, ainsi, par le théorème de convergence dominée, $\int_0^1 g(a(s)t_0)ds$ tend vers 1. La fonction g étant bijective continue, sa réciproque est continue, donc la limite de $\bar{a}t_0$ est 0 lorsque t_0 tend vers 0. On effectue un développement limité en fonction du paramètre $\bar{a}t_0$ à gauche de $(\star\star)$, et en fonction de t_0 à droite. Ainsi il existe R et $\tilde{R}$ qui tendent vers 0 lorsque t_0 tend vers 0 de sorte que $(\star\star)$ est équivalente à

$$1 - \frac{\bar{a}t_0}{2} + \frac{(\bar{a}t_0)^2}{6}(1 + R) = 1 - \frac{1}{2}\int_0^1 a(s)ds\, t_0 + \frac{1}{6}\int_0^1 (a(s))^2 ds\, t_0^2 + t_0^2 \tilde{R}.$$

On en tire

$$\bar{a} = \frac{1}{1 - \frac{\bar{a}t_0}{3}(1+R)}\left[\int_0^1 a(s)ds - \frac{1}{3}t_0\int_0^1 (a(s))^2 ds + 2t_0\tilde{R}\right],$$

ce qui conduit à $\bar{a}$ tend vers $\int_0^1 a(s)ds$ lorsque t_0 tend vers 0. Ainsi on écrit $\bar{a} = \int_0^1 a(s)ds + \bar{b}$, où $\bar{b}$ tend vers 0 lorsque t_0 tend vers 0. L'égalité obtenue pour $\bar{b}/t_0$ est, après manipulations algébriques élémentaires

$$(\star\star\star) \quad -\frac{1}{2}\frac{\bar{b}}{t_0} + \frac{1}{6}\left[\int_0^1 a(s)ds + \bar{b}\right]^2(1 + R) = \frac{1}{6}\int_0^1 (a(s))^2 ds + \tilde{R}$$

Comme $\bar{b}$, R et $\tilde{R}$ tendent vers 0 lorsque t_0 tend vers 0, on en déduit que la limite du membre de gauche de $(\star\star\star)$ est $-\frac{1}{2}\frac{\bar{b}}{t_0} + \frac{1}{6}(\int_0^1 a(s)ds)^2$, et que celle du membre de droite de $(\star\star\star)$ est $\frac{1}{6}\int_0^1 (a(s))^2 ds$. Ainsi, on trouve que $\frac{\bar{b}}{t_0} = \frac{1}{3}[\int_0^1 (a(s))^2 ds - (\int_0^1 a(s)ds)^2] + \bar{c}$, où $\bar{c}$ tend vers 0 lorsque t_0 tend vers 0. Ainsi on a obtenu le développement limité:

$$\bar{a} = \int_0^1 a(s)ds + \frac{t_0}{3}[\int_0^1 (a(s))^2 ds - (\int_0^1 a(s)ds)^2] + o(t_0).$$

Corrigé 19

a/La fonction v est solution de l'équation différentielle

$$v'' + a^2 v = S.$$

On vérifie directement que la forme proposée est bien solution.

$$v'(x) = \int_0^x S(y)\frac{\cos(a(x-y))}{a}dy + a(-\alpha\sin(ax) + \beta\cos(ax))$$
$$v''(x) = -a\int_0^x S(y)\frac{\sin(a(x-y))}{a}dy - a^2(\alpha\cos(ax) + \beta\sin(ax))$$

avec $\alpha = v(0)$ et $\beta = -\frac{v'(0)}{a}$. Par unicité de la solution du problème de Cauchy, v s'écrit bien comme indiqué dans l'énoncé.

b/La fonction w est solution d'une équation linéaire avec données initiales nulles donc est nulle sur $\mathbb{R}$ par unicité de la solution du problème de Cauchy. Donc v est périodique.

Réciproquement si v est périodique on a évidemment $v(\pi) = v(-\pi)$ et $v'(\pi) = v'(-\pi)$.

c/On cherche à résoudre en (α, β) le système d'équations $v(\pi) = v(-\pi)$ et $v'(\pi) = v'(-\pi)$ où v est défini au a/. Une condition suffisante pour que ce système linéaire ait une solution est que le déterminant soit non-nul soit encore

$$0 = v(\pi) - v(-\pi)$$
$$= \int_0^\pi S(y)\frac{\sin(a(\pi-y))}{a}dy + \alpha\cos(a\pi) + \beta\sin(a\pi)$$
$$- \left(\int_0^{-\pi} S(y)\frac{\sin(a(-\pi-y))}{a}dy + \alpha\cos(-a\pi) + \beta\sin(-a\pi)\right),$$
$$0 = v'(\pi) - v'(-\pi)$$
$$= \int_0^\pi S(y)\frac{\cos(a(\pi-y))}{a}dy + a(-\alpha\sin(a\pi) + \beta\cos(a\pi))$$
$$- \left(\int_0^{-\pi} S(y)\frac{\cos(a(-\pi-y))}{a}dy + a(-\alpha\sin(-a\pi) + \beta\cos(-a\pi))\right)$$

dont le déterminant est

$$\begin{vmatrix} 0 & 2\sin(a\pi) \\ -2a\sin(a\pi) & 0 \end{vmatrix} = 4a\sin^2(a\pi)$$

Une condition suffisante est donc que a ne soit pas un entier.

d/Si $S(x)$ est impaire alors on a

$$S(x) = \sum_{n>0} a_n \sin(nx)$$

avec $a_n = \dfrac{1}{\pi} \displaystyle\int_{-\pi}^{\pi} S(y) \sin(ny) dy$ qui tend vers 0 $\left(\displaystyle\int_{-\pi}^{\pi} \sin^2(ny) dy = \dfrac{2\pi}{2} \right)$.

Si $S(x) = a_n \sin(nx)$ alors

$$\int_0^x \sin(ny) \sin(a(x-y)) dy$$
$$= \int_0^x \frac{\cos(ny - a(x-y)) - \cos(ny + a(x-y))}{2} dy$$
$$= \frac{1}{2(n+a)} \left[\sin((n+a)y - ax) \right]_0^x$$
$$- \frac{1}{2(n-a)} \left[\sin((n-a)y + ax) \right]_0^x$$
$$= \left(\frac{1}{2(n+a)} - \frac{1}{2(n-a)} \right) \sin(nx)$$
$$+ \left(\frac{1}{2(n+a)} + \frac{1}{2(n-a)} \right) \sin(ax))$$
$$= \frac{a}{a^2 - n^2} \sin(nx) - \frac{n}{a^2 - n^2} \sin(ax).$$

D'où

$$v(x) = \frac{a_n}{a^2 - n^2} \sin(nx) + \alpha \cos(ax) + \beta \sin(ax)$$

et la seule solution périodique est

$$v(x) = \frac{a_n}{a^2 - n^2} \sin(nx).$$

Si $S(x) = \sum_{n>0} a_n \sin(nx)$, par linéarité, on vérifie que

$$v(x) = \sum_{n>0} \frac{a_n}{a^2 - n^2} \sin(nx)$$

convient (cette série est bien convergente puisque a_n tend vers 0).

e/Si $S(x) = x$ alors

$$a_n = (-1)^{n+1} \frac{2}{n}, \ n > 0$$

donc

$$v(x) = \sum_{n>0} (-1)^{n+1} \frac{2}{n} \frac{1}{a^2 - n^2} \sin(nx).$$

On calcule v d'une autre manière en utilisant la formule du a/ et en exprimant directement la périodicité en résolvant le système du b/ . On obtient

$$v(x) = \frac{x}{a^2} - \frac{\pi}{a^2} \frac{\sin(ax)}{\sin(a\pi)}$$

d'où

$$\frac{x}{a^2} - \frac{\pi}{a^2}\frac{\sin(ax)}{\sin(a\pi)} = \sum_{n>0}(-1)^{n+1}\frac{2}{n}\frac{1}{a^2-n^2}\sin(nx).$$

On utilise maintenant la formule de Parseval

$$\frac{1}{2\pi a^4}\int_{-\pi}^{\pi}\left(x - \pi\frac{\sin(ax)}{\sin(a\pi)}\right)^2$$

$$= 4\sum_{n>0}\frac{1}{n^2(a^2-n^2)^2}\frac{1}{2\pi}\int_{-\pi}^{\pi}\sin^2(nx)dx,$$

soit

$$\sum_{n>0}\frac{1}{n^2(a^2-n^2)^2} = \frac{1}{4\pi a^4}\int_{-\pi}^{\pi}\left(x - \pi\frac{\sin(ax)}{\sin(a\pi)}\right)^2 dx.$$

On fait maintenant tendre a vers 0 dans les deux membres de l'égalité

$$\sum_{n>0}\frac{1}{n^2(a^2-n^2)^2} \longrightarrow \sum_{n>0}\frac{1}{n^6}$$

(faire simplement la différence et couper la somme en deux) et (par convergence dominée)

$$\frac{1}{4\pi a^4}\int_{-\pi}^{\pi}\left(x - \pi\frac{\sin(ax)}{\sin(a\pi)}\right)^2 dx$$

$$\sim \frac{1}{2\pi a^4}\int_{0}^{\pi}\left(x - \pi\frac{ax - \frac{a^3x^3}{6}}{a\pi - \frac{a^3\pi^3}{6}}\right)^2 dx$$

$$\sim \frac{1}{2\pi a^4}\int_{0}^{\pi}\left(x - \frac{x - \frac{a^2x^3}{6}}{1 - \frac{a^2\pi^2}{6}}\right)^2 dx$$

$$\sim \frac{1}{2\pi a^4}\int_{0}^{\pi}\frac{a^4}{36}\left(x^3 - \pi^2x\right)^2 dx$$

$$\sim \frac{1}{72\pi}\int_{0}^{\pi}\left(x^6 - 2\pi^2x^4 + \pi^4x^2\right)^2 dx$$

$$\sim \frac{\pi^6}{72}\left(\frac{1}{7} - \frac{2}{5} + \frac{1}{3}\right)^2 dx$$

$$\sim \frac{\pi^6}{9\times7\times5\times3}.$$

D'où

$$\sum_{n>0}\frac{1}{n^6} = \frac{\pi^6}{945}.$$

Corrigé 20

a/Il vient

$$
\begin{aligned}
u_n &= \frac{1}{2} - \frac{1}{n}\sum_{i=1}^{n}\frac{i}{n} \\
&= \frac{1}{2} - \frac{n(n+1)}{2n^2} = -\frac{1}{2n}.
\end{aligned}
$$

b/On a

$$
u_n = \sum_{i=1}^{n}\int_{(i-1)/n}^{i/n}\left(f(x) - f\left(\frac{i}{n}\right)\right)dx.
$$

Un développement de Taylor donne

$$
f(x) - f(i/n) = (x - i/n)f'(i/n) + \frac{1}{2}(x - i/n)^2 f''(\xi)
$$

en intégrant

$$
\left|\int_{(i-1)/n}^{i/n}\left(f(x) - f\left(\frac{i}{n}\right)\right)dx - f'(i/n)\int_{(i-1)/n}^{i/n}(x - i/n)dx\right|
$$

$$
\leq \frac{\sup|f''|}{2}\int_{(i-1)/n}^{i/n}(x - i/n)^2 dx
$$

on a

$$
\int_{(i-1)/n}^{i/n}(x - i/n)dx = -\frac{1}{2n^2}
$$

$$
\int_{(i-1)/n}^{i/n}(x - i/n)^2 dx = \frac{1}{3n^3}
$$

d'où

$$
\left|u_n + \frac{1}{2n}\left(\frac{1}{n}\sum_{i-1}^{n}f'(\frac{i}{n})\right)\right| \leq \frac{\sup|f''|}{6n^2}
$$

Comme $\dfrac{1}{n}\displaystyle\sum_{i=1}^{n}f'(\frac{i}{n})$ tend vers $\displaystyle\int_0^1 f'(x)dx = C$, une condition nécessaire de convergence est que $\displaystyle\int_0^1 f'(x)dx = 0$ sinon $u_n \sim \frac{C}{n}$ et la série diverge. C'est aussi une condition suffisante; en effet, il existe ξ tel que

$$
f'(x) - f'(\frac{i}{n}) = (x - \frac{i}{n})f''(\xi)
$$

et donc

$$\left| \frac{1}{n}\sum_{i=1}^{n} f'(\frac{i}{n}) \right| = \left| \int_0^1 f'(x)dx - \frac{1}{n}\sum_{i=1}^{n} f'(\frac{i}{n}) \right|$$

$$\leq \sup |f''| \sum_{i=1}^{n} \int_{(i-1)/n}^{i/n} |x - i/n| dx \leq \frac{C}{n}.$$

Finalement $|u_n| \leq \dfrac{\sup |f''|}{n^2}(\dfrac{1}{6} + \dfrac{1}{4})$

et la série de terme général (u_n) converge.

Corrigé 21

On vérifie que

$$\frac{d^n}{dx^n}(e^{\mathrm{i}xp - p^4}) = \mathrm{i}^n p^n e^{\mathrm{i}xp - p^4}.$$

La convergence de l'intégrale

$$\int_{\mathbf{R}} |p|^n e^{-p^4} dp$$

implique alors la convergence normale de l'intégrale $\int_{\mathbf{R}} \frac{d^n}{dx^n}(e^{\mathrm{i}xp - p^4}) dp$, donc la convergence absolue de cette intégrale. Il y a convergence simple de l'intégrale pour $n = 0$, donc f est dérivable à tout ordre. La fonction f est paire (par le changement de variable $p \to -p$). La valeur de $f(0)$ est positive, et celle de $f''(0)$ est négative. La fonction est paire, donc $f'(0) = 0$.

Lorsque $x \neq 0$, l'intégration par parties classique

$$\int_{\mathbf{R}} p^n e^{\mathrm{i}xp} e^{-p^4} dp = \frac{4}{\mathrm{i}x} \int_{\mathbf{R}} [p^{n+3} - \frac{n}{4}p^{n-1}] e^{\mathrm{i}xp - p^4} dp$$

aboutit à la majoration

$$\left| \int_{\mathbf{R}} p^n e^{\mathrm{i}xp} e^{-p^4} dp \right| \leq \frac{4}{|x|} \int_{\mathbf{R}} [p^{n+3} + \frac{n}{4}p^{n-1}] e^{-p^4} dp,$$

ce qui permet d'affirmer que les limites de f en $\pm\infty$ sont 0.

On compare $f'''(x) = -\mathrm{i}\int_{\mathbf{R}^3} p^3 e^{\mathrm{i}xp - p^4} dp$ et $xf(x) = -\mathrm{i}\int_{\mathbf{R}} 4p^3 e^{\mathrm{i}xp - p^4} dp$, ce qui donne

$$xf(x) = 4f'''(x).$$

Si f était positive sur $\mathbf{R}_+$, par l'équation différentielle, f''' serait positive sur $\mathbf{R}_+$, ainsi f'' serait croissante sur $\mathbf{R}_+$. Sa valeur en $x = 0$ est strictement négative, et sa limite en $+\infty$ est 0, donc elle est strictement négative sur $\mathbf{R}_+$. Ainsi, f' est décroissante sur $\mathbf{R}_+$. Sa valeur en 0 est 0, sa limite en $+\infty$ est 0, et elle n'est pas identiquement nulle, donc on aboutit à une contradiction. La fonction f n'est pas positive sur $\mathbf{R}_+$. Elle s'annule donc en un point $x_0 > 0$.

Corrigé 22

Pour $n \neq 0$, on fait deux intégrations par parties successives

$$\int_0^1 \phi(x)e^{2\pi i x}dx = \frac{\phi(1) - \phi(0)}{2\pi i n} + \frac{\phi'(1) - \phi'(0)}{4\pi^2 n^2} - \frac{1}{4\pi^2 n^2} \int_0^1 \phi''(x)e^{2\pi i n x}dx.$$

Comme la fonction ϕ'' est de classe C^0, elle est majorée par C sur $[0, 1]$, et le terme $\frac{1}{4\pi^2 n^2} \int_0^1 \phi''(x)e^{2\pi i n x}dx$ est majoré par $\frac{C}{4\pi^2 n^2}$, terme général d'une série convergente. De plus, la série de terme général $\frac{\phi'(1) - \phi'(0)}{4\pi^2 n^2}$ est absolument convergente. Il reste à étudier la série de terme général $\frac{\phi(1) - \phi(0)}{2\pi i n}$ pour $n \in \mathbb{Z}^*$. On rappelle qu'une série sur $\mathbb{Z}$ converge si et seulement si les deux séries

$$\sum_{n \geq 0}, \sum_{n \leq 0}$$

convergent séparément. Ainsi, si $\phi(1) \neq \phi(0)$, les deux séries ne convergent pas **même si la somme de $-N$ à N converge** et la série étudiée ne converge pas. De plus, lorsque $\phi(1) = \phi(0)$ la série converge car elle est de terme général nul.

La série de terme général $\int_0^1 \phi(x)e^{2\pi i n x}dx$ converge si et seulement si $\phi(1) = \phi(0)$.

Ensuite, on veut construire ψ sur $[0, 1]$ telle que $\psi(0) = \psi'(0) = \psi''(0)$ et telle que $\psi(1) = \psi'(1) = \psi''(1) = 0$. Si on choisit un polynôme, 0 et 1 sont racines triples. Le plus simple est $x^3(1 - x)^3$, et il convient.

Enfin, on utilise l'égalité précédente. Ainsi

$$a_n \int_0^1 \psi(x)e^{2\pi i n x}dx = -\frac{a_n}{n^2}\frac{1}{4\pi^2} \int_0^1 \psi''(x)e^{2\pi i n x}dx$$

Il suffit que la série $\sum_{n \in \mathbb{Z}^*} \frac{|a_n|}{n^2}$ converge pour que celle ci converge. Cette condition n'est pas suffisante, on intègre en effet par parties une fois de plus, il vient, puisque ϕ''' est bornée sur $[0, 1]$ (même si elle n'est pas continue sur $\mathbb{R}$), et puisque $\phi''(0) = \phi''(1) = 0$,

$$a_n \int_0^1 \psi(x)e^{2\pi i n x}dx = -i\frac{a_n}{n^3}\frac{1}{8\pi^3} \int_0^1 \psi'''(x)e^{2\pi i n x}dx.$$

On choisit alors $a_n = n^2(n^2 + 1)^{-\frac{1}{8}}$, pour laquelle $\sum \frac{a_n}{n^2}$ diverge, et pourtant $\sum \frac{a_n}{n^3}$ converge.

Corrigé 23

a/ La suite u_j est bornée par M, donc, pour tout n et tout j, $|a_{nj}u_j|$ est majoré par Ma_{nj}, qui est le terme général d'une série convergente, de limite M.

On suppose u_n convergente vers l. Alors

$$v_n - l = \sum_j a_{nj}u_j - l\sum a_{nj} = \sum_j a_{nj}(u_j - l).$$

On peut ainsi prendre $l = 0$. La suite a_{nj} tend vers 0, pour chaque j, lorsque n tend vers $+\infty$.

Utilisons la convergence de u_j vers 0. Ainsi, pour tout $\varepsilon > 0$, il existe j_0 tel que $|u_j| \leq \frac{\varepsilon}{2}$ pour $j \geq j_0$, et

$$\left|\sum_{j \geq j_0} a_{nj}u_j\right| \leq \frac{\varepsilon}{2}\sum_{j \geq j_0} a_{nj} \leq \frac{\varepsilon}{2}.$$

De plus, pour chaque $j \leq j_0 - 1$, il existe N_j tel que $a_{nj} \leq \frac{1}{M}\frac{\varepsilon}{2}$, pour tout $n \geq N_j$, M désignant le maximum de la suite bornée car convergente u_j. Ainsi, pour $N \geq \max_{j \leq j_0 - 1} N_j$, on a

$$\left|\sum_{j \leq j_0 - 1} a_{nj}u_j\right| \leq \frac{\varepsilon}{2}.$$

Combinant les deux égalités, pour $n \geq \max_{j \leq j_0 - 1} N_j$, on a

$$\left|\sum_j a_{nj}u_j\right|\varepsilon.$$

b/ On prend $u_j = \delta_{jj_0}$, symbole de Kronecker, nul pour $j \neq j_0$, égal à 1 pour $j = j_0$. Alors $v_n = a_{nj_0}$, et l'hypothèse entraîne $a_{nj_0} \to 0$ pour tout n.
c/
On considère $v_p = \sum_{n \geq 1} \frac{u_n}{p^n}$. Si on veut appliquer ce qui précède, il faut pouvoir étudier la somme des termes coefficients. Pour reprendre les notations précédentes, on étudie $b_{pj} = p^{-j}$, alors $v_p = \sum_j b_{pj}u_j$. On calcule, pour $p \geq 2$,

$$\sum_{j=1}^{\infty} p^{-j} = \frac{1}{p - 1}$$

On vérifie alors que $\sum_{j=1}^{\infty}(p - 1)p^{-j} = 1$. Mais les termes généraux ne tendent pas vers 0 lorsque p tend vers $+\infty$.
On écrit alors

$$(p - 1)v_p - l = \sum_{j=2}^{\infty}(p - 1)\frac{u_j - l}{p^j} + (u_1 - l)\frac{p - 1}{p}.$$

La somme $\sum_{j=2}^{\infty}|u_j - l|\frac{p-1}{p^j}$ peut être majorée par $M(p - 1)\frac{1}{p^2}\frac{1}{1-1/p} = \frac{M}{p}$. On en déduit l'équivalent de $v_p = \frac{u_1}{l}$.
Pour l'autre somme, on aboutit au même résultat. On calcule

$$w_n = \sum_{j \geq 2} \frac{u_j}{j^p}.$$

Nous vérifions que $\sum_{j\geq 2}\frac{1}{j^p} = \frac{1}{2^p}+r(p)$, avec, par comparaisons d'intégrales, pour $j \geq 3$

$$\int_j^{j+1}\frac{dx}{x^p} \leq \frac{1}{j^p} \leq \int_{j-1}^j\frac{dx}{x^p}$$

soit

$$\frac{1}{(p-1)3^p} \leq r(p) \leq \frac{1}{(p-1)2^p}.$$

On écrit alors

$$|w_n - \frac{u_2}{2^p}| \leq Mr(p)$$

ce qui permet de vérifier que $2^p w_n \simeq u_2$.

Corrigé 24

a/ La suite S_n est convergente donc bornée par M. Ainsi $|S_n\frac{x^n}{n!}| \leq M\frac{|x|^n}{n!}$, série absolument convergente. On vérifie $\sum_{n=0}^\infty \frac{x^n}{n!} = e^x$, donc

$$\sum_{n\geq 0} S_n\frac{x^n}{n!}e^{-x} - S = \sum_{n\geq 0}(S_n - S)\frac{x^n}{n!}e^{-x}.$$

On s'est ramené au cas $S = 0$.

On coupe alors la somme en deux, l'une où on va utiliser la convergence de la suite et l'autre où on va utiliser le fait que $\frac{x^n}{n!}e^{-x}$, à n fixé, tend vers 0 lorsque x tend vers $+\infty$.

Alors il existe N_0 tel que, pour $n \geq N_0$, $|S_n| \leq \varepsilon$, ainsi

$$|\sum_{n\geq N_0+1}^\infty S_n\frac{x^n}{n!}e^{-x}| \leq \varepsilon \sum_{n\geq N_0+1}^\infty \frac{x^n}{n!}e^{-x} \leq \varepsilon.$$

On suppose que $A_0, .., A_{N_0}$ sont tels que, pour $x \geq A_j$, $\frac{x^j}{j!}e^{-x} \leq \varepsilon$. On désigne par M le majorant de la suite S_n. Pour $x \geq A = \max_{j=0}^{N_0} A_j$, on trouve

$$|\sum_{n\geq 0} S_n\frac{x^n}{n!}e^{-x}| \leq ((N_0 + 1)M + 1)\varepsilon.$$

On aurait pu choisir des ε "ad hoc" dans chaque limite, ceci pour satisfaire aux exigences de Cauchy, qui, lorsqu'il a inventé de tels raisonnements (les suites de Cauchy en particulier) a toujours fait en sorte d'aboutir à la fin de la majoration à ε exactement. C'est pour cela que les raisonnements de ce type sont parfois appelés les raisonnements de type $\varepsilon/3$. Ici, il s'agit d'un raisonnement de type $\varepsilon/2$.

b/ On emploie la règle de sommation d'Abel. Ainsi on note $S_n = \sum_{p=0}^{n} a_p$, de sorte que $S_0 = a_0$ et, pour $n \geq 1$, $a_n = S_n - S_{n-1}$. On peut introduire $S_{-1} = 0$.

On note $g_N(x) = \sum_{n=0}^{n=N} (S_n - S_{n-1}) \frac{x^n}{n!} dx$. Alors

$$
\begin{aligned}
\int_0^t e^{-x} g_N(x) dx &= \sum_{n=0}^{n=N} \int_0^t e^{-x} S_n \frac{x^n}{n!} dx - \sum_{n=0}^{n=N} \int_0^t e^{-x} S_{n-1} \frac{x^n}{n!} dx \\
&= \sum_{n=0}^{n=N} \int_0^t e^{-x} S_n \frac{x^n}{n!} dx - \sum_{n=0}^{n=N-1} \int_0^t e^{-x} S_n \frac{x^{n+1}}{(n+1)!} dx.
\end{aligned}
$$

Comme, par intégration par parties

$$
\int_0^t e^{-x} \frac{x^{n+1}}{(n+1)!} dx = -e^{-t} \frac{t^{n+1}}{(n+1)!} + \int_0^t e^{-x} \frac{x^n}{n!} dx,
$$

il reste alors

$$
\int_0^t e^{-x} g_N(x) dx = \sum_{n=0}^{n=N-1} S_n e^{-t} \frac{t^{n+1}}{(n+1)!} + \int_0^t e^{-x} S_N \frac{x^N}{N!} dx.
$$

On utilise le résultat de la question 1, la limite lorsque $N \to +\infty$ du premier terme est $\sum_0^{\infty} S_n \frac{t^n}{n!} e^{-t}$. Le premier terme, quant à lui, est égal à $S_N (1 - e^{-t}(1 + ... + \frac{t^N}{N!}))$. Ce terme tend vers 0 lorsque $N \to \infty$. Ainsi, comme $g_N(x)$ converge uniformément vers la somme $g(x)$, on trouve finalement $\int_0^t e^{-x} g(x) dx = \sum_0^{\infty} S_n \frac{t^{n+1}}{(n+1)!} e^{-t}$. En utilisant la première question

$$
\int_0^{\infty} e^{-x} \Big(\sum_{n \geq 0} a_n \frac{x^n}{n!} \Big) dx = \sum_{n \geq 0} a_n.
$$

Corrigé 25

a/ Le polynôme P est de degré inférieur ou égal à n, donc P' est, soit nul, soit de degré inférieur ou égal à $n - 1$, d'où $u(P)$ est un polynôme de degré inférieur ou égal à n.

On vérifie que $u(X^p) = \frac{p+1}{n+1} X^p$, donc les vecteurs propres sont les monômes, les valeurs propres étant les $\frac{p+1}{n+1}$ pour $p \leq n$, donc u est inversible.

On retrouve ce résultat en étudiant, dans le cas général de l'application u_a, les solutions de l'équation différentielle

$$
u_a(P) = \lambda P
$$

équation équivalente à

$$
P(x) + (x - a)P'(x) = \lambda(n+1)P(x).
$$

Ainsi on obtient

$$
P(x) = C e^{((n+1)\lambda - 1) \log(x-a)}.
$$

Cette fonction est un polynôme lorsque $(n+1)\lambda - 1$ est entier positif, ainsi lorsque $(n+1)\lambda = p + 1$. La fonction associée est $(x - a)^p$, et, pour être dans l'espace des polynômes de degré inférieur ou égal à n, on trouve $p \leq n$.

Les fonctions propres de u_a sont les monômes $(x - a)^p$, de valeurs propres associées $\frac{p+1}{n+1}$, $0 \leq p \leq n$.

b/ La suite P_j vérifie $u(P_j) = P_{j+1}$, soit $P_j = u^j(P_0)$, $u^j = u \circ u... \circ u$. Ainsi, décomposant P_0 sur la base propre de u, on trouve

$$P_0 = \sum_{m=0}^{n} a_m X^m$$

$$P_j = \sum_{m=0}^{m=n} a_m \left(\frac{m+1}{n+1}\right)^j X^m$$

et la limite est alors $P_\infty = a_n X^n$, le monôme de plus haut degré de P_0.

c/ Le cas suivant est le cas où on se place dans l'espace des polynômes de degré inférieur ou égal à n et où la relation est $Q_{j+1} = \frac{Q_j + X Q_j'}{k+1}$. Les vecteurs propres sont les monômes, et les valeurs propres associées sont les $\frac{p+1}{k+1}$, $0 \leq p \leq n$. Il y a donc k valeurs propres plus petites que 1, une valeur propre égale à 1, et $n - k$ valeurs propres strictement supérieures à 1. Nous sommes dans un espace vectoriel de dimension finie, donc on sait définir la convergence ou la divergence à l'aide de suites. En particulier, si il existe (avec les notations ci-dessus) un $p > k$ tel que $a_p \neq 0$, alors la norme de la suite Q_j tend vers $+\infty$. En revanche, si tous les coefficients de termes de degré supérieur à k sont nuls, la limite de la suite Q_j est le polynôme $a_k X^k$.

Corrigé 26

a/ On vérifie qu'il s'agit d'un endomorphisme, $p(x+1)$ étant, par la formule du binôme de Newton, un polynôme de même degré que p. De plus, on vérifie que $(x+1)^k + (x-1)^k - 2x^k$ est un polynôme de degré exactement $k - 2$, pour $k \geq 2$, et est nul pour $k = 0$ ou $k = 1$. Ainsi, l'image d'un polynôme de degré exactement k est un polynôme de degré exactement $k - 2$, $k \geq 2$. La matrice de la restriction de l'endomorphisme à l'espace des polynômes $X^2 \mathcal{P}_{n-2}$ dans $\mathcal{P}_{n-2}$ est une matrice triangulaire inférieure, dont la diagonale est composée de termes non nuls. Elle est donc inversible, et l'image de $\mathcal{P}_n$ est exactement $\mathcal{P}_{n-2}$. On a vérifié que 1 et X formaient une famille libre du noyau. Le noyau est donc de dimension supérieure ou égale à 2. Par le théorème du rang $\dim \operatorname{Im} P + \dim \operatorname{Ker} P = n + 1$, ainsi, comme l'image est exactement de dimension $\dim \mathcal{P}_{n-2} = n - 1$, le noyau est exactement $\mathcal{P}_1$.

Une autre méthode pour le retrouver: on a bien sûr, pour p dans le noyau, $p(x+1) - p(x) = p(x) - p(x-1)$ et donc le polynôme $p(x+1) - p(x)$ est le polynôme constant. Ainsi

$$p(x+1) - p(x) = a \Rightarrow p(k+1) = p(0) + ka.$$

Le polynôme $p(0) + ax$ a donc au moins $n+2$ zéros communs avec le polynôme p, ils sont donc égaux et p est une fonction affine.

b/ On vérifie que, si $N \geq [\frac{n}{2}] + 1$, $u^N = 0$, car le degré diminue de 2 à chaque application de u, donc $u^{[\frac{n}{2}]}(p)$ est au plus de degré 0 ou 1 (selon la parité de n), et est donc dans le noyau de u.

c/ On procède en supposant que $v(p)(x) = p(x + \alpha) - p(x + \beta)$. Ainsi, il suffit que $p(x + 2\alpha) + p(x + 2\beta) - 2p(x + \alpha + \beta) = p(x+1) + p(x-1) - 2p(x)$. Il vient $\alpha + \beta = 0$, soit $\alpha = \pm \frac{1}{2}$, $\beta = -\alpha$. On a ainsi

$$v(p(x)) = p(x + \frac{1}{2}) - p(x - \frac{1}{2}).$$

Il n'y a pas unicité car $-v$ convient.

On vérifie que $v^{n+1}(p) = 0$ pour p de degré au plus n. Or

$$v^j(p)(x) = \sum_{k=0}^{k=j} p(x + \frac{j}{2} - k)C_j^k(-1)^k.$$

Cette égalité se montre par récurrence. En effet, si l'égalité est vraie au rang j, alors

$$\begin{aligned}
&v^{j+1}(p)(x) \\
&= \sum_{k=0}^{k=j} v(p)(x + \tfrac{j}{2} - k)(-1)^k C_j^k \\
&= \sum_{k=0}^{k=j} p(x + \tfrac{j+1}{2} - k)(-1)^k C_j^k \\
&\quad - \sum_{k=0}^{k=j} p(x + \tfrac{j-1}{2} - k)(-1)^k C_j^k \\
&= \sum_{k=0}^{k=j} p(x + \tfrac{j+1}{2} - k)(-1)^k C_j^k \\
&\quad - \sum_{k=0}^{k=j-1} p(x + \tfrac{j-1}{2} - k + 1)(-1)^{k-1} C_j^{k-1} \\
&= \sum_{k=0}^{k=j} p(x + \tfrac{j+1}{2} - k)(-1)^k C_j^k \\
&\quad + \sum_{k=0}^{k=j-1} p(x + \tfrac{j+1}{2} - k)(-1)^k C_j^{k-1} \\
&= \sum_{k=0}^{k=j+1} p(x + \tfrac{j+1}{2} - k)(-1)^k C_{j+1}^k,
\end{aligned}$$

car $C_j^k + C_j^{k-1} = C_{j+1}^k$ (triangle de Pascal).

Utilisant enfin $v^{n+1}(p) = 0$ pour $p \in \mathcal{P}_n$, on trouve l'identité

$$\sum_{k=0}^{n+1} p(x + \frac{n+1-2k}{2})C_{n+1}^k(-1)^k = 0.$$

Corrigé 27

a/ La fonction f est monotone. On la suppose croissante, pour fixer les idées. Ainsi $f(t) \leq f(x) \leq f(2t)$ pour $t \leq x \leq 2t$ et donc

$$\int_t^{2t} x^a f(x)dx = \int_t^{2t} x^a f(x)dx \leq \int_t^{2t} x^a f(2t)dx.$$

Lorsque $a = -1$, on calcule l'intégrale $\int_t^{2t} x^{-1}dx = \log 2$.

Lorsque $a \neq -1$, on trouve pour cette même intégrale

$$t^{a+1}\frac{2^{a+1}-1}{a+1}.$$

Utilisant l'inégalité pour t et pour $\frac{t}{2}$, on trouve les encadrements

$$C_a\int_{\frac{t}{2}}^{t}x^a f(x)dx \le t^{a+1}f(t) \le C'_a\int_{t}^{2t}x^a f(x)dx.$$

La constante C_a est alors $\frac{a+1}{2^{a+1}-1}$ si $a \ne -1$ et $\frac{1}{\log 2}$ si $a = -1$, et $C'_a = 2^{-a-1}C_a$. La limite de $t^{a+1}f(t)$ est alors 0 lorsque t tend vers 0, puisque les deux intégrales $\int_{\frac{t}{2}}^{t}x^a f(x)dx$, $\int_{t}^{2t}x^a f(x)dx$ tendent vers 0 lorsque t tend vers 0.

b/ La même technique fonctionne pour l'intégrale $\int_1^\infty x^a f(x)dx < +\infty$. Nous proposons une autre démonstration par changement de variable. On trouve

$$\int_1^\infty x^a f(x)dx < +\infty.$$

Le changement de variable $y = \frac{1}{x}$ dans l'intégrale entre 1 et A donne

$$\int_1^{A^{-1}}\frac{1}{y^a}f(\frac{1}{y})\frac{-dy}{y^2}$$

qui converge lorsque A tend vers $+\infty$, soit

$$\int_0^1 f(\frac{1}{y})\frac{1}{y^{a+2}}dy < +\infty.$$

La fonction f est monotone, $\frac{1}{y}$ est décroissante, donc $f(\frac{1}{y})$ est monotone, et donc en appliquant le a/

$$y^{-a-2+1}f(\frac{1}{y}) \to 0, y \to 0.$$

Ainsi, en reprenant $x = \frac{1}{y}$, $x^{a+1}f(x)$ tend vers 0 lorsque x tend vers $+\infty$.

c/ Cette question se traite en effectuant le changement de variable dans l'intégrale $\int_0^1 f(t)dt$ donné par $t = \phi(y)$. Ainsi, comme $\phi(0) = 0$ (on ajoute l'hypothèse $g(y)\ln y \to 0$), on se retrouve avec

$$\int_0^{\phi(1)}\phi'(y)(f \circ \phi)(y)dy < +\infty.$$

On a l'égalité

$$\phi'(y) = y^{\alpha-1}(\alpha + g(y) + g'(y)y\ln y)e^{g(y)\ln y}.$$

On suppose que f est monotone. Lorsque $\alpha > 0$, on trouve $\phi' > 0$, ainsi ϕ croissante dans un voisinage de 0 et positive. La composée $f \circ \phi$ est monotone, de même monotonie que f. On ajoute ainsi l'hypothèse de convergence de $yg'(y)\ln y$ vers 0 et de monotonie de $(\alpha + g(y) + g'(y)y\ln y)e^{g(y)\ln y}(f \circ \phi)(y)$ pour en déduire que l'intégrale $\int_0^\varepsilon y^{\alpha-1}(\alpha + g(y) + g'(y)y\ln y)e^{g(y)\ln y}(f \circ \phi)(y)dy$ existe et entraine que la limite de $y^\alpha(\alpha + g(y) + g'(y)y\ln y)e^{g(y)\ln y}(f \circ \phi)(y)dy$ est égale à 0. Comme la limite de $\alpha + g(y) + yg'(y)\ln y$ est α, on en déduit $y^\alpha(f \circ \phi)(y) \to 0$.

Corrigé 28

a/ On écrit $t = \frac{x}{\varepsilon}$, ainsi

$$\varepsilon^{-1}\int_{-1}^{1} e^{-\frac{x^2}{\varepsilon^2} - \frac{1}{1-x^2}}dx = \int_{\mathbf{R}} e^{-t^2}\phi(\varepsilon t)dt.$$

Le résultat s'obtient par convergence dominée, car $\phi(0) = \frac{1}{e}$. On peut le retrouver en écrivant

$$\varepsilon^{-1}\int_{-1}^{1} e^{-\frac{x^2}{\varepsilon^2} - \frac{1}{1-x^2}}dx = \int_{-\frac{1}{\varepsilon}}^{\frac{1}{\varepsilon}} e^{-t^2}\phi(\varepsilon t)dt.$$

On retranche $\phi(0)\int_{\mathbf{R}} e^{-t^2}dt$, ce qui fait que l'on obtient

$$\varepsilon^{-1}\int_{-1}^{1} e^{-\frac{x^2}{\varepsilon^2} - \frac{1}{1-x^2}}dx - \phi(0)\int_{\mathbf{R}} e^{-t^2}dt$$

$$= \int_{-\frac{1}{\varepsilon}}^{\frac{1}{\varepsilon}} e^{-t^2}[\phi(\varepsilon t) - \phi(0)]dt - 2\phi(0)\int_{\frac{1}{\varepsilon}}^{\infty} e^{-t^2}dt.$$

Le second terme tend vers 0, le premier est majoré par

$$\varepsilon \max \phi' \int_{\mathbf{R}} |t|e^{-t^2}dt$$

qui tend donc vers 0.

b/ Par intégrations par parties successives

$$\frac{1}{\varepsilon}\int_{-1}^{1} \frac{d^n}{dx^n}(e^{-\frac{x^2}{\varepsilon^2}})\phi(x)dx = (-1)^n\frac{1}{\varepsilon}\int_{-1}^{1} e^{-\frac{x^2}{\varepsilon^2}}\phi^{(n)}(x)dx.$$

Par des méthodes analogues à précédemment, ce terme tend vers

$$(-1)^n\pi^{\frac{1}{2}}\phi^{(n)}(0).$$

On vérifie ensuite que

$$\frac{d^n}{dx^n}(e^{-\frac{x^2}{\varepsilon^2}}) = \frac{1}{\varepsilon^n}P_n(\frac{x}{\varepsilon})e^{-\frac{x^2}{\varepsilon^2}}.$$

En effet, pour $n = 1$, $P_1(X) = -2X$, $p_2(X) = 4X^2 - 2$, et par dérivée de $\frac{1}{\varepsilon^n} P_n(\frac{x}{\varepsilon}) e^{-\frac{x^2}{\varepsilon^2}}$, on trouve

$$[\frac{1}{\varepsilon^{n+1}} P_n'(\frac{x}{\varepsilon}) - \frac{2x}{\varepsilon^{n+2}} P_n(\frac{x}{\varepsilon})] e^{-\frac{x^2}{\varepsilon^2}}$$

et donc $P_{n+1}(X) = P_n'(X) - 2X P_n(X)$. Ceci achève la démonstration de l'existence d'un polynôme tel que l'égalité demandée soit vérifiée.

CHAPITRE 3
Énoncé du problème d'écrit

Il sera accordé une grande importance à la qualité et à la précision de la rédaction de ce problème. Chaque partie est indépendante des autres, et tout résultat énoncé dans le texte pourra être utilisé dans la suite sans nécessairement avoir été démontré par le candidat.

Ce problème est consacré à l'approximation de fonctions continues sur un intervalle de $\mathbb{R}$ par des fonctions polynômes.

NOTATIONS

- Étant donnés deux réels a et b avec $a < b$, on note I l'intervalle $[a, b]$.
- L'ensemble des fonctions continues sur I à valeurs dans $\mathbb{R}$ est désigné par $\mathcal{C}^0$. Pour n entier, $n \geq 1$, $\mathcal{C}^n$ désigne l'ensemble des fonctions continues sur I à valeurs dans $\mathbb{R}$ dont les dérivées k−ièmes, pour $1 \leq k \leq n$, sont continues. Pour $n \geq 1$ et $f \in \mathcal{C}^n$, on note $f^{(n)}$ la dérivée n−ième de f. On notera aussi f'' la dérivée seconde d'un élément de $\mathcal{C}^2$. L'ensemble $\mathcal{C}^\infty$ des fonctions de classe C^∞ est l'intersection des ensembles $\mathcal{C}^n$, $n \geq 0$.
- Soit σ une partie finie de $[a, b]$ contenant a et b. On note

$$\sigma = \{a_0, a_1, ..., a_n, a_{n+1}\}$$

avec

$$a = a_0 < a_1 < ... < a_n < a_{n+1} = b.$$

On dit alors que σ est une subdivision de $I = [a, b]$, de longueur n. On remarque que le cardinal de σ est $n + 2$. Le pas de σ, noté $h(\sigma)$, est le réel positif $h(\sigma) = \mathrm{Max}\{(a_{j+1} - a_j), 0 \leq j \leq n\}$.

- A une subdivision $\sigma = \{a_0, ..., a_{n+1}\}$ de longueur n, on associe la fonction polynôme sur $\mathbb{R}$ de degré n, notée S, définie par

$$\forall t \in \mathbb{R}, \ S(t) = \prod_{i=1}^{i=n} (t - a_i).$$

PRÉLIMINAIRES

Dans ces questions préliminaires, le candidat démontrera certains résultats qui seront utiles dans le problème.

0.1. Montrer que si une fonction ϕ élément de $\mathcal{C}^2$ possède trois zéros distincts dans l'intervalle $]a, b[$, alors ϕ'' s'annule en au moins un point de l'intervalle $]a, b[$.

0.2. Soit $I = [-1, 1]$ et f la fonction définie sur I par
- si $x = 0$, $f(x) = 0$,
- si $x \neq 0$, $f(x) = \exp(-\frac{1}{x^2})$.

0.2.1. Montrer que, pour tout $m \in \mathbb{N}$, il existe un polynôme P_m tel que, pour tout x dans I, $x \neq 0$, $f^{(m)}(x) = P_m(\frac{1}{x}) \exp(-\frac{1}{x^2})$.

0.2.2. En déduire que $f^{(m)}(0) = 0$ pour tout $m \in \mathbb{N}$ et que f est élément de $\mathcal{C}^\infty$.

0.3. Soient $(u_n)_{n \in \mathbb{N}}$ et $(v_n)_{n \in \mathbb{N}}$ deux suites telles que $(u_n/n)_{n \in \mathbb{N}, n \geq 1}$ converge vers une limite l lorsque n tend vers $+\infty$ et $(v_n/n)_{n \in \mathbb{N}, n \geq 1}$ converge vers une limite l' lorsque n tend vers $+\infty$, ces limites vérifiant $l > l'$. Montrer que la suite $(u_n - v_n)_{n \in \mathbb{N}}$ tend vers $+\infty$ lorsque n tend vers $+\infty$.

0.4. Montrer qu'il existe une constante $C > 0$, que l'on déterminera, telle que

$$\forall n \in \mathbb{N}, n \geq 1, \forall k \in \mathbb{Z}, |k| \leq n \Rightarrow |\frac{1}{\sqrt{2}} - \frac{k}{n}| \geq Cn^{-2}.$$

PARTIE I

L'intervalle I étant fixé, on se donne une subdivision

$$\sigma = \{a_0, a_1, ..., a_n, a_{n+1}\}$$

de longueur $n \geq 1$ et une fonction f élément de $\mathcal{C}^0$.

1. Nous construisons ici un polynôme d'interpolation pour f.

1.1. Montrer qu'il existe une fonction polynôme $L(f)$, de degré au plus égal à $n - 1$, vérifiant

$$\forall i, 1 \leq i \leq n, \quad L(f)(a_i) = f(a_i).$$

[On pourra chercher $L(f)$ comme combinaison linéaire des fonctions polynômes $S_{(i)}$, où $S_{(i)}(t) = \prod_{j \in \{1,..,n\}, j \neq i}(t - a_j)$.]

1.2. Montrer que le polynôme $L(f)$ est unique. On dit que $L(f)$ est le polynôme d'interpolation de f associé à σ.

1.3. Soit $\sigma = \{a, a_1, a_2, b\}$ une subdivision telle que $n = 2$. Donner l'expression de $L(f)$ en fonction de $a_1, a_2, f(a_1), f(a_2)$.

1.4. Pour chaque $n \geq 2$ et pour toute subdivision σ de longueur n, donner un exemple d'une fonction f non nulle élément de $\mathcal{C}^0$ telle que le polynôme $L(f)$ d'interpolation de f associé à σ soit de degré exactement égal à $n - 2$.

2. On suppose que f est élément de $\mathcal{C}^n$, et l'on souhaite démontrer la propriété:

$$(P) \quad \forall x \in I, \exists \xi \in I, f(x) = L(f)(x) + \frac{f^{(n)}(\xi)}{n!} S(x).$$

2.1. Pourquoi peut-on supposer sans restreindre la généralité que $x \in I$, $x \notin \sigma \cap]a, b[$?

2.2. Justifier *(P)* dans le cas où $n = 1$.

2.3. Plaçons-nous maintenant dans le cas où la longueur de la subdivision est $n = 2$. Dans ce cas, $\sigma = \{a, a_1, a_2, b\}$.

2.3.a. On introduit, pour $\lambda \in \mathbb{R}$, la fonction $\phi : I \to \mathbb{R}$ définie par

$$\phi(t) = f(t) - L(f)(t) - \lambda S(t).$$

On considère un point x de I qui n'appartient pas à la subdivision. Déterminer λ de sorte que $\phi(x) = 0$.

2.3.b. Le point x étant fixé et le réel λ étant ainsi choisi, donner trois zéros distincts de la fonction ϕ dans l'intervalle $]a, b[$.

2.3.c. Vérifier *(P)* en utilisant **0.1.**.

2.4. Montrer la propriété *(P)* dans le cas n quelconque ($n \geq 3$). [On pourra utiliser à nouveau la fonction ϕ introduite en **2.3.a.**] [On ne cherchera pas à faire un raisonnement par récurrence sur n.]

<h2 align="center">PARTIE II</h2>

L'intervalle I est toujours fixé. On se donne une subdivision σ, à laquelle sont associés sa longueur n, son polynôme S et son pas $h(\sigma)$. On se propose de déduire de (P) une estimation de $f - L(f)$ sur I. Pour cela, on va majorer S et étudier une classe de fonctions f pour lesquelles on a une majoration de $f^{(m)}$ pour tout m.

3. Nous nous proposons de démontrer

$$\forall x \in I, |S(x)| \leq n!(h(\sigma))^n. \tag{1}$$

3.1. Vérifier la majoration (1) dans les cas $n = 1$ et $n = 2$.

On considérera désormais $n \geq 3$. Pour $x \in I$, x n'appartenant pas à la subdivision, soit j l'unique entier, $0 \leq j \leq n$, tel que $a_j < x < a_{j+1}$.

3.2. Démontrer la majoration (1) lorsque $j = 0$ et lorsque $j = n$. [On pourra utiliser la relation $a_p - x = a_1 - x + \sum_{2 \leq q \leq p}(a_q - a_{q-1})$.]

3.3. On suppose $0 < j < n$. Majorer

$$\prod_{p=1}^{j-1}(x - a_p)$$

ainsi que

$$\prod_{q=j+1}^{q=n}(a_q - x).$$

3.4. Démontrer la majoration (1).

4. Pour $M > 0$, on définit l'ensemble

$$E_M = \{f \in \mathcal{C}^\infty, \forall m \in \mathbb{N}, \forall x \in I, |f^{(m)}(x)| \le M^{m+1}\}.$$

On définit $E = \cup_{M>0} E_M$. On étudie l'appartenance de fonctions classiques à E.

4.1. Montrer que, pour chaque ω dans $\mathbb{R}$, la fonction $x \mapsto \sin \omega x$ et la fonction $x \mapsto e^{\omega x}$ sont dans E.

4.2. Démontrer que toutes les fonctions polynômes sont dans E.

4.3. Montrer que, si $f \in E_M$, pour tout x dans I, la série $\sum_{m \ge 0} \frac{f^{(m)}(0)}{m!} x^m$ est absolument convergente et que sa somme vaut $f(x)$.

4.4. La fonction f étudiée en **0.2.** appartient-elle à E ?

5. Soit $(\sigma_m)_{m \in \mathbb{N}, m \ge 1}$ une suite de subdivisions de I. On suppose que la longueur de la subdivision σ_m est m et que

$$\lim_{m \to +\infty} h(\sigma_m) = 0.$$

Soit $f \in E$. On note $L_m(f)$ le polynôme d'interpolation de f associé à la subdivision σ_m construit à la question **1.**. Démontrer que la suite $(L_m(f))_{m \in \mathbb{N}, m \ge 1}$ converge uniformément vers f sur I.

PARTIE III

Nous considérons dans cette partie l'intervalle $I = [-1, 1]$, et, pour α réel strictement positif, la fonction $f_\alpha(x) = (x^2 + \alpha^2)^{-1}$.

6. Soit σ une subdivision de I, de longueur n. On suppose que la subdivision est symétrique, c'est-à-dire que si $x \in \sigma$, $-x \in \sigma$. On note $L(f_\alpha)$ le polynôme d'interpolation de f_α associé á σ défini dans la question **1.**, vérifiant

$$\forall x \in \sigma \cap]-1, 1[, \quad L(f_\alpha)(x) = f_\alpha(x).$$

On rappelle que toute fonction polynôme sur $\mathbb{R}$ est aussi une fonction polynôme sur $\mathbb{C}$. On désigne par i la racine carrée usuelle de -1. On établit ici une égalité d'interpolation pour f_α.

6.1. Démontrer que la fonction polynôme S est paire (respectivement impaire) lorsque n est pair (respectivement impair).

6.2. On suppose n impair. Démontrer l'égalité entre fonctions polynômes (dont on étudiera le degré):

$$1 - (t^2 + \alpha^2)L(f_\alpha)(t) = \frac{tS(t)}{i\alpha S(i\alpha)}. \tag{2}$$

6.3. Établir une égalité similaire si n est pair.

Dans les questions qui suivent, nous nous donnons, pour chaque entier $n \geq 1$, la subdivision π_n de $I = [-1,1]$, constituée des points $\frac{k}{n}$, $k \in \mathbb{Z}$, $-n \leq k \leq n$. Notons alors que

$$\pi_n = \{\frac{k}{n}, k \in \mathbb{Z}, |k| \leq n\}.$$

Cette subdivision est de longueur $2n - 1$, impaire. On associe, comme dans les Notations, à la subdivision π_n le polynôme P_n défini par

$$P_n(t) = \prod_{k=-n+1}^{k=n-1} (t - \frac{k}{n}).$$

On note $R_n(f_\alpha)$ le polynôme d'interpolation de f_α associé à la subdivision π_n défini dans la question $\mathbf{1}$..

7. On étudie dans cette question un équivalent de $\frac{1}{n} \ln |P_n(i\alpha)|$.

7.1. On pose $\Phi(\alpha) = \frac{1}{2} \int_{-1}^{+1} \ln(t^2 + \alpha^2) dt$. Calculer $\Phi(\alpha)$ à l'aide de fonctions usuelles. Quelle est la limite de $\Phi(\alpha)$ lorsque α tend vers 0 par valeurs positives?

7.2. Démontrer que :

$$\lim_{n \to +\infty} (\frac{1}{n} \ln |P_n(i\alpha)|) = \Phi(\alpha).$$

[On remarquera que, pour tout $z \in \mathbb{C}$, $(z - k/n)(z + k/n) - z^2 - k^2/n^2$.]

8. On se propose d'étudier un équivalent de $\frac{1}{n} \ln |P_n(\frac{1}{\sqrt{2}})|$.

8.1. Soit $n \in \mathbb{N}, n \geq 1$. Démontrer qu'il existe $k(n) \in \mathbb{N}$ tel que $k(n) < \frac{n}{\sqrt{2}} < k(n) + 1$. Démontrer qu'il existe $N_0 \in \mathbb{N}$ tel que, pour tout $n \geq N_0$, on ait $k(n) + 2 \leq n - 1$ et $k(n) - 2 \geq -n$. On considérera dans la suite $n \geq N_0$.

8.2. Calculer, pour tout $x \in [-1,1]$, la fonction $\Psi(x) = \int_{-1}^{1} \ln |t - x| dt$. Montrer que $\Psi(\frac{1}{\sqrt{2}}) > -2$. Déterminer la limite, lorsque n tend vers $+\infty$, de

$$\int_{\frac{k(n)-1}{n}}^{\frac{k(n)+2}{n}} \ln |t - \frac{1}{\sqrt{2}}| dt.$$

8.3. Déterminer la limite, lorsque n tend vers $+\infty$, des suites $(w'_n)_{n \in \mathbb{N}, n \geq 1}$ et $(w''_n)_{n \in \mathbb{N}, n \geq 1}$ définies, pour $n \in \mathbb{N}, n \geq 1$, par $w'_n = \frac{1}{n} \ln |\frac{k(n)}{n} - \frac{1}{\sqrt{2}}|$ et $w''_n = \frac{1}{n} \ln |\frac{k(n)+1}{n} - \frac{1}{\sqrt{2}}|$.

8.4. Soit ψ une fonction continue et croissante sur $[-1, \frac{1}{\sqrt{2}}[$ et continue et décroissante sur $]\frac{1}{\sqrt{2}}, 1]$. On suppose que ψ est intégrable sur $[-1, \frac{1}{\sqrt{2}}]$ et sur $[\frac{1}{\sqrt{2}}, 1]$.

Pour $p \geq k(n) + 1$, comparer $\int_{\frac{p}{n}}^{\frac{p+1}{n}} \psi(t)dt$ et les réels $\frac{1}{n}\psi(\frac{p}{n})$ et $\frac{1}{n}\psi(\frac{p+1}{n})$. Établir des inégalités analogues pour $p \leq k(n) - 1$.

8.5. Donner, pour $n \geq N_0$, un encadrement de $\int_{\frac{k(n)+2}{n}}^{1} \psi(t)dt$ et un encadrement de $\int_{-1}^{\frac{k(n)-1}{n}} \psi(t)dt$ utilisant respectivement

$$\frac{1}{n} \sum_{p=k(n)+2}^{p=n} \psi(\frac{p}{n}) \quad , \quad \frac{1}{n} \sum_{p=-n}^{p=k(n)-1} \psi(\frac{p}{n}),$$

et les réels $\psi(\frac{k(n)+2}{n})$, $\psi(1)$, $\psi(\frac{k(n)-1}{n})$, $\psi(-1)$.

8.6. Montrer que

$$\frac{1}{n} \sum_{p \in \mathbf{N}, -n \leq p \leq n, p \neq k(n), p \neq k(n)+1} \ln|\frac{p}{n} - \frac{1}{\sqrt{2}}|$$

converge vers $\Psi(\frac{1}{\sqrt{2}})$. [On choisira une fonction ψ particulière.].
En déduire que

$$\lim_{n \to +\infty} (\frac{1}{n} \ln|P_n(\frac{1}{\sqrt{2}})|) = \Psi(\frac{1}{\sqrt{2}}).$$

9. Démontrer qu'il existe un réel α_0, $\alpha_0 > 0$ et un point $x \in]-1, 1[$ tel que la suite $(R_n(f_{\alpha_0})(x) - f_{\alpha_0}(x))_{n \geq 1}$ tende vers l'infini. Est ce que la fonction f_{α_0} appartient à l'ensemble E défini dans la question **4.**?

10. Soit $\mathcal{A}$ l'ensemble des réels $x_0 \in [-1, 1]$ tels que

$$\exists r \in \mathbf{N}, r \geq 2, \exists C > 0, \forall n \in \mathbf{N}, n \geq 1, \forall k \in \mathbf{Z}, |k| \leq n, |x_0 - \frac{k}{n}| \geq \frac{C}{n^r}.$$

Montrer que, pour $x \in \mathcal{A}$

$$\lim_{n \to +\infty} \frac{1}{n} \ln|P_n(x)| = \Psi(x).$$

11. Soit $\alpha > 0$. Déterminer en fonction de α le plus grand intervalle ouvert J_α, inclus dans $[-1, 1]$ où la suite $(R_n(f_\alpha)(x))_{n \in \mathbf{N}, n \geq 1}$ converge vers $f_\alpha(x)$ pour tout x de $J_\alpha \cap \mathcal{A}$. Déterminer l'ensemble des réels α tels que $\alpha \in J_\alpha$.

12. Soit x_0 un réel non rationnel tel qu'il existe un polynôme Q_r, de degré r, dont les coefficients sont entiers, tel que $Q_r(x_0) = 0$ et $Q'_r(x_0) \neq 0$. Démontrer que $x_0 \in \mathcal{A}$.

CHAPITRE 4
Corrigé du problème d'écrit

PRÉLIMINAIRES

0.1. La fonction ϕ possède trois zéros distincts, que l'on note x_0, x_1, x_2, dans l'intervalle $]a, b[$. Elle est dans C^1 et s'annule en x_0 et en x_1, donc par le théorème de Rolle, il existe un point y_0 de $]x_0, x_1[$ où $\phi'(y_0) = 0$. De même il existe $y_1 \in]x_1, x_2[$ tel que $\phi'(y_1) = 0$. La fonction ϕ', élément de C^1 car ϕ est élément de C^2, s'annule en y_0 et y_1, $y_0 \neq y_1$, donc il existe au moins un point z_0 de $]y_1, y_2[$ tel que $\phi''(z_0) = 0$. Le résultat est démontré.

0.2. On voit que pour $m = 0$, le polynôme considéré est $P_0 = 1$. On démontre le résultat par récurrence. Supposons qu'il soit vrai à l'ordre m. Alors $f^{(m)}(x) = P_m(\frac{1}{x})e^{-\frac{1}{x^2}}$, où P_m est un polynôme. On en déduit

$$f^{(m+1)}(x) = [-\frac{1}{x^2}P_m'(\frac{1}{x}) - \frac{2}{x^3}P_m(\frac{1}{x})]e^{-\frac{1}{x^2}}.$$

En introduisant $P_{m+1}(t) = -t^2 P_m'(t) - 2t^3 P_m(t)$, on en déduit que l'égalité de récurrence est vraie à l'ordre $m + 1$.

Elle est donc vraie pour tout m.

On vérifie alors que la limite pour N fixé lorsque x tend vers 0 de $x^{-N}e^{-\frac{1}{x^2}}$ est 0, donc la limite de $f^{(m)}(x)$ lorsque x tend vers 0 est 0. La fonction f est ainsi dérivable en zéro à n'importe quel ordre et toutes ses dérivées sont nulles.

0.3. La suite u_n/n converge vers l, donc il existe n_0 tel que, pour $n \geq n_0$, $u_n/n \geq l - \frac{l-l'}{4}$, car $l - l' > 0$. De même, v_n/n converge vers l' donc il existe n_1 tel que, pour $n \geq n_1$, $v_n/n \leq l' + \frac{l-l'}{4}$.

On constate alors que, pour $n \geq \max(n_0, n_1)$,

$$u_n - v_n \geq n(l - \frac{l-l'}{4} - l' - \frac{l-l'}{4}) = n\frac{l-l'}{2}.$$

Comme $l - l' > 0$, $u_n - v_n \rightarrow +\infty$.

0.4. Pour $k < 0$, $(k \leq -1)$, $\frac{1}{\sqrt{2}} - \frac{k}{n} \geq \frac{1}{n}$. Pour $k \geq 0$, on remarque que $(\frac{1}{\sqrt{2}} - \frac{k}{n})(\frac{1}{\sqrt{2}} + \frac{k}{n}) = \frac{n^2 - 2k^2}{2n^2}$. L'entier $n^2 - 2k^2$ n'est pas nul (si il l'était, on aurait n divisible par 2, donc $n = 2n_1$, donc $4n_1^2 - 2k^2 = 0$, donc $k^2 = 2n_1^2$, k divisible par 2, donc $k = 2k_1$, et donc $n_1^2 - 2k_1^2 = 0$. On verrait ainsi que $k = 2^p k_p$, $n = 2^p n_p$, avec k_p et n_p impairs, et on obtiendrait $n_p^2 = 2k_p^2$, ce qui est impossible (démonstration de Zénon)). Il est donc, en valeur absolue, supérieur à 1. On voit alors

$$|(\frac{1}{\sqrt{2}} - \frac{k}{n})(\frac{1}{\sqrt{2}} + \frac{k}{n})| \geq \frac{1}{2n^2}.$$

Comme $|\frac{1}{\sqrt{2}} + \frac{k}{n}| \leq 1 + \frac{1}{\sqrt{2}}$, on en conclut, pour $k \geq 0$ et $n \geq 1$:

$$|\frac{1}{\sqrt{2}} - \frac{k}{n}| \geq \frac{1}{(2+\sqrt{2})n^2}.$$

De même, avec $(2+\sqrt{2})n \geq 1$, il vient, pour $k < 0$ et $n \geq 1$

$$|\frac{1}{\sqrt{2}} - \frac{k}{n}| \geq \frac{1}{n} \geq \frac{1}{(2+\sqrt{2})n^2}.$$

On peut choisir comme constante $C = \frac{1}{2+\sqrt{2}}$.

On peut généraliser ce résultat : Si on étudie l'ensemble $\mathcal{A}$ des réels de $[-1, 1]$ tels que

$$\exists C \in \mathbb{R}_+^*, \exists \beta > 0 / \forall n \geq 1, \forall k \in \mathbb{Z}, |k| \leq n, |x - \frac{k}{n}| \geq Cn^{-\beta} \qquad (1)$$

on vérifie que $\mathbb{Q} \cap \mathcal{A} = \emptyset$. En effet, un élément x de $\mathbb{Q}$ s'écrit $x = \frac{p}{q}$. L'inégalité (1) est fausse pour $n = q, k = p$. Donc $x \notin \mathcal{A}$.

Les éléments de la forme $\frac{1}{\sqrt{a}}$ où a n'est pas le carré d'un entier, sont dans $\mathcal{A}$, de même que les éléments $2^{-\frac{1}{3}}$, $p^{-\frac{1}{q}}$ quand ils ne sont pas rationnels.

Lorsque a, x, y sont entiers, $x^2 - ay^2$ et un entier. Si il était nul, alors on aurait $a = \frac{x^2}{y^2}$. Comme a est entier, y^2 divise x^2, donc tout facteur p premier de y divise x^2 et donc divise x. De plus, si on étudie la puissance de p dans les décompositions de x et de y, notée respectivement $n(x,p)$ et $n(y,p)$, on a l'inégalité $2n(x,p) \geq 2n(y,p)$, donc $n(x,p) \geq n(y,p)$ et on en déduit que y divise x. Soit $t = x/y$, entier. Alors $a = t^2$, ce qui contredit l'hypothèse.

L'entier $x^2 - ay^2$ est non nul, donc il est soit supérieur à 1, soit inférieur à -1. On en déduit

$$|x^2 - ay^2| \geq 1.$$

Soit $b \in]0, 1[\cap \mathbb{Q}$. On écrit $b = p/q$. Lorsque l'on considère $k < 0$, on voit que $\sqrt{b} - \frac{k}{n} \geq \frac{1}{n}$, et l'inégalité est vérifiée. On considère $k \geq 0$, et on écrit

$$\sqrt{b} - k/n = \frac{b - k^2/n^2}{\sqrt{b} + k/n} = \frac{pn^2 - qk^2}{qn^2\sqrt{b} + qkn}.$$

Comme $qn^2\sqrt{b} + qk \leq qn^2\sqrt{b} + qn$, et que, par un raisonnement identique à précédemment $pn^2 - qk^2 \neq 0$ grâce à l'hypothèse, cet entier est, en valeur absolue, minoré par 1. On en déduit

$$|\sqrt{b} - k/n| \geq \frac{1}{q(\sqrt{b} + 1)n^2}.$$

L'inégalité (1) est donc vérifiée, pour tout $n \geq 1$ et pour tout k, pour $\beta = 2$ et pour $C = \frac{1}{q(\sqrt{b}+1)}$.

L'élément $\sqrt{b}$ est dans $\mathcal{A}$. Les valeurs de C et de β pour $b = 0.5$ sont alors $\beta = 2$ et $C = \frac{1}{2(\sqrt{2}+1)}$. Pour $2^{-\frac{1}{3}}$, on effectue le même raisonnement qu'au paragraphe précédent. On suppose $k \geq 0$ et on étudie

$$\tau - k/n = \frac{n^3 - 2k^3}{2(n^3\tau^2 + n^2\tau k + nk^2)}.$$

On vérifie que le dénominateur est majoré par $2(\tau^2 + \tau + 1)n^3$ car $n \geq 1$. Si le numérateur s'annulait, alors 2 diviserait n^3, donc 2 diviserait n et donc on obtiendrait $n = 2^l n'$, où n' n'est pas divisible par 2, donc 2 divise k^3, donc $k = 2^{l'} k'$, où k' n'est pas divisible par 2. On en conclut que, si $l' \geq l$

$$n^3 - 2k^3 = 2^{3l}[(n')^3 - 2^{3(l'-l)+1}(k')^3].$$

Comme $2^{3(l'-l)+1}$ est divisible par 2, on aboutit à une contradiction. Si $l \geq l' + 1$, on écrit

$$n^3 - 2k^3 = 2^{3l'+1}[2^{3(l-l'-1)+2}(n')^3 - (k')^3].$$

On aboutit là aussi à une contradiction. Le numérateur est un entier ne s'annulant pas, donc, pour $k \geq 0$:

On voit alors que

$$|\tau - k/n| \geq \frac{1}{2(\tau^2 + \tau + 1)n^3}$$

et le point τ est dans $\mathcal{A}$.

Enfin, pour le cas de $p^{-\frac{1}{q}}$,

$$p^{-\frac{1}{q}} - k/n = \frac{n^q - pk^q}{\sum_{l=0}^{l=q-1} p^{1-l/q}k^{q-1-l}n^{1+l}}.$$

Le dénominateur est donc majoré par Cn^q, où C dépend de p et de q et est par exemple égal à $\sum_{l=0}^{l=q-1} p^{1-l/q}$.

Le numérateur ne s'annule pas par un raisonnement semblable à ce qui précède, divisant k et n par p autant de fois que cela est possible, et utilisant $q \geq 2$ (car $p^{\frac{1}{1}}$ est rationnel pour tout p entier), ce qui permet d'écrire que $q(l - l') + 1$ ou $q(l - l') - 1$ est différent de 0.

PARTIE I

1.1. On vérifie que $\Sigma_i(a_i) \neq 0$ et que $\Sigma_i(a_j) = 0$ pour $1 \leq j \leq n, j \neq i$. On en déduit que la fonction polynôme

$$\frac{\Sigma_i(t)}{\Sigma_i(a_i)}$$

vaut 1 en $t = a_i$ et 0 en tout point a_j, $1 \leq j \leq n$, $j \neq i$.

La fonction polynôme

$$L(f)(t) = \sum_{i=1}^{i=n} f(a_i) \frac{\Sigma_i(t)}{\Sigma_i(a_i)}$$

est un polynôme de degré au plus $n - 1$, chaque Σ_i étant de degré $n - 1$, et vérifie $\forall i, 1 \leq i \leq n, L(f)(a_i) = f(a_i)$. Il répond donc à la question.

1.2. Supposant qu'il existe deux polynômes $L(f)$ et $L'(f)$, on constate que le degré de $L(f) - L'(f)$ est au plus $n - 1$, et que ce polynôme s'annule en n points distincts, qui sont les a_i. C'est donc le polynôme nul. On a ainsi montré l'unicité de $L(f)$.

1.3. Le polynôme cherché est

$$L(f)(t) = f(a_1) \frac{t - a_2}{a_1 - a_2} + f(a_2) \frac{t - a_1}{a_2 - a_1} = \frac{f(a_2)(t - a_1) - f(a_1)(t - a_2)}{a_2 - a_1}.$$

1.4. Il suffit de constater que, pour tout polynôme P de degré inférieur ou égal à $n - 1$, l'unicité du polynôme $L(P)$ et les égalités $L(P)(a_i) = P(a_i)$ pour tout i, $1 \leq i \leq n$, impliquent que $L(P) = P$. On prend alors la fonction f telle que $f(t) = t^{n-2}$ pour obtenir le fait que $\partial^0(L(f)) = n - 2$.

2.1. Lorsque x est un point de la subdivision intérieur à l'intervalle, $\Sigma(x) = 0$ donc, comme $f(x) = L(f)(x)$, l'égalité est vérifiée pour toute valeur de ξ.

On suppose désormais que $x \in I$, $x \notin \sigma \cap]a, b[$.

2.2. Dans le cas où $\sigma = \{a_0, a_1, a_2\} = \{a, a_1, b\}$ on écrit le théorème des valeurs intermédiaires entre x et a_1. Les conditions d'application sont vérifiées puisque f est dérivable et que sa dérivée est continue. Il existe alors s compris entre x et a_1 tels que

$$f'(s) = \frac{f(x) - f(a_1)}{x - a_1}.$$

On a démontré (P) dans le cas $n = 1$.

2.3. Plaçons nous maintenant dans le cas où la longueur de la subdivision est $n = 2$. Dans ce cas, $\sigma = \{a, a_1, a_2, b\}$. La fonction ϕ est de classe C^2. Comme x est différent de a_1 et de a_2, on prend $\lambda_x = \frac{f(x) - L(f)(x)}{(x - a_1)(x - a_2)}$. On vérifie que

$$\phi(a_1) = f(a_1) - L(f)(a_1) = 0, \phi(a_2) = f(a_2) - L(f)(a_2)$$

par construction de $L(f)$. Comme on a choisi λ tel que $\phi(x) = 0$ et que x est différent de a_1 et de a_2, ϕ admet trois zéros distincts.

En utilisant **0.1**, ϕ'' s'annule en au moins un point ξ, intérieur à $]a, b[$.

Comme le polynôme $L(f)$ est de degré 1, sa dérivée seconde est nulle. La dérivée seconde de $(t - a_1)(t - a_2)$ est égale à 2, donc

$$\phi''(t) = f''(t) - 2\lambda_x$$

On en déduit que $\lambda = \frac{f''(\xi)}{2}$. La propriété (P) est démontrée pour $n = 2$.

2.4. On choisit, comme dans la question précédente, pour chaque x dans I, $x \notin \sigma \cap \dot{I}$, le réel

$$\lambda_x = \frac{f(x) - L(f)(x)}{\Sigma(x)}.$$

La fonction ϕ_x associée à cette valeur λ_x de λ admet les points a_i comme zéros, et le point x. On démontre par récurrence sur k que la fonction $\phi^{(k)}$ admet au moins $n - k + 1$ zéros pour $k \leq n$.

La propriété est vraie pour $k = 0$. Si elle est vraie pour $k, 0 \leq k < n$, alors $\phi^{(k)}$, qui est dérivable et dont la dérivée est continue, admet au moins $n - k + 1$ zéros. Comme $k < n$, $n - k \geq 1$ et $n - k + 1 \geq 2$. La fonction $\phi^{(k)}$ a un nombre de zéros plus grand que 2, donc il existe au moins un point où $\phi^{(k+1)}$ s'annule. Comme $\phi^{(k)}$ admet $n - k + 1$ zéros, $\phi^{(k+1)}$ admet $n - k = n - (k + 1) + 1$ zéros. La propriété est vraie pour $k + 1$.

La récurrence s'arrête lorsque $n = k + 1 = 1$, soit $n = k$. La dérivée n-ième de ϕ_x admet donc un zéro au moins, noté ξ.

Comme la dérivée n-ième de la fonction polynôme $L(f)$, de degré au plus $n - 1$ est nulle, et que la dérivée n-ième de Σ est égale à $n!$, on a

$$\phi^{(n)}(\xi) = 0 = f^{(n)}(\xi) - \lambda_x n!.$$

On en conclut qu'il existe $\xi \in I$ tel que $\lambda_x = \frac{f^{(n)}(\xi)}{n!}$, et la propriété (P) est vérifiée pour $n \geq 3$ et $x \in I, x \notin \sigma \cap \dot{I}$. Comme la propriété est vérifiée pour $x \in \sigma \cap \dot{I}$, elle est vraie pour tout $x \in I$. Elle est donc démontrée.

PARTIE II

3. Nous nous proposons de démontrer

$$\forall t \in I, |\Sigma(t)| \leq n!(h(\sigma))^n. \tag{2}$$

3.1. L'estimation (1) est vérifiée pour $x \in \sigma \cap \dot{I}$, car le terme de gauche est nul.

Pour $n = 1$, on vérifie que, pour $t \in [a_0, a_1[$, $0 < a_1 - t \leq a_1 - a_0$ et que pour $t \in]a_1, a_2]$, $0 < t - a_1 \leq a_2 - a_1$. Comme dans ce cas, $h(\sigma) = \max(a_2 - a_1, a_1 - a_0)$, on a, pour tout $t \in [a_0, a_2] - \{a_1\}$, $|t - a_1| \leq h(\sigma)$. L'estimation (1) est vérifiée.

Lorsque $x \in [a_0, a_1[$, $a_1 - x \leq h(\sigma)$ et $a_2 - x = a_2 - a_1 + a_1 - x$. Comme $0 < a_2 - a_1 \leq h(\sigma)$ et $0 < a_1 - x \leq a_1 - a_0 \leq h(\sigma)$, on trouve $a_2 - x \leq 2h(\sigma)$
On en déduit

$$0 < (a_1 - x)(a_2 - x) \leq 2(h(\sigma))^2.$$

Lorsque $x \in]a_1, a_2[$, $0 < x - a_1 \leq a_2 - a_1 \leq h(\sigma)$ et $0 < a_2 - x \leq a_3 - a_2 \leq h(\sigma)$. On en déduit

$$0 < (x - a_1)(a_2 - x) \leq (h(\sigma))^2.$$

Enfin, pour $x \in]a_2, a_3]$, on voit que $0 < x - a_2 \leq a_3 - a_2 \leq h(\sigma)$, $0 < x - a_1 = x - a_2 + (a_2 - a_1) \leq (a_3 - a_2) + (a_2 - a_1) \leq 2h(\sigma)$. On en déduit

$$0 < (x - a_1)(x - a_2) \leq 2(h(\sigma))^2.$$

Combinant les résultats des trois alinéas, il reste

$$|\Sigma(x)| \leq 2(h(\sigma))^2.$$

L'estimation (1) est démontrée.

On considérera désormais $n \geq 3$. On se donne $x \notin \sigma$. Soit l'unique entier $j, 0 \leq j \leq n$ tel que $a_j < x < a_{j+1}$.

3.2. On suppose $j = 0$. Pour tout entier p, $2 \leq p \leq n$, $a_p - x = a_1 - x + \sum_{2 \leq q \leq p}(a_q - a_{q-1})$. Chaque terme de la somme est positif et majoré par $h(\sigma)$, et il y a $1 + (p - 2 + 1) = p$ termes, ce qui donne:
Pour tout entier p, $2 \leq p \leq n$, $0 < a_p - x < p \times h(\sigma)$.
On en déduit ainsi que

$$\left| \prod_{p=1}^{p=n} (x - a_p) \right| = (a_1 - x) \prod_{p=2}^{p=n} (a_p - x) \leq h(\sigma) \times \prod_{p=2}^{p=n} (ph(\sigma)) = n!(h(\sigma))^n.$$

L'estimation est donc démontrée pour $x \in [a_0, a_1[$.

On suppose $j = n$. On utilise l'égalité, valable pour $1 \leq p \leq n - 1$:

$$x - a_p = x - a_n + \sum_{1 \leq q \leq p} (a_{n-q+1} - a_{n-q}),$$

On a alors la majoration

$$0 < x - a_p \leq h(\sigma) + (p - 1 + 1)h(\sigma) = (p + 1)h(\sigma).$$

$$0 < \prod_{p=0}^{p=n} (x - a_p) = (x - a_n) \prod_{p=1}^{p=n-1} (x - a_p) \leq h(\sigma) \prod_{p=1}^{p=n-1} (p + 1)h(\sigma)$$

$$= n!(h(\sigma))^n.$$

La majoration (1) est donc vraie pour $x \in\,]a_n, a_{n+1}]$.

3.3. Lorsque $0 < j < n$, on écrit

$$a_p - x = a_{j+1} - x + \sum_{l=j+2}^{l=p} (a_l - a_{l-1})$$

pour $p \geq j + 2$. On a alors

$$0 < a_p - x \leq h(\sigma) + (p - j - 1)h(\sigma) = (p - j)h(\sigma)$$

(inégalité vraie même lorsque $p = j + 1$.) De même, lorsque $l \leq j - 1$

$$x - a_l = x - a_j + \sum_{q=j}^{q-l+1} (a_q - a_{q-1})$$

et on majore $x - a_l$, positif, par $h(\sigma)(j - l + 1)$.

On majore ainsi $\prod_{l=1}^{j-1}(x - a_l)$ par $(h(\sigma))^{j-1}j!$.

3.4. Pour la majoration totale, on utilise la majoration de la fin du paragraphe précédent et on majore $\prod_{q=j+2}^{n}(a_q - x)$ par

$$(h(\sigma))^{n-j-1} \prod_{q=j+2}^{n} (q - j),$$

qui est majoré par $(h(\sigma))^{n-j-1} \prod_{q=j+2}^{n} q$. Les deux termes $x - a_j$ et $a_{j+1} - x$, positifs, sont majorés par $h(\sigma)$, donc a fortiori par $jh(\sigma)$ et $(j + 1)h(\sigma)$ (on a éliminé le cas $j = 0$), d'où

$$|\Sigma(x)| \leq (h(\sigma))^{j-1+n-j-1+2}n!$$

ce qui achève la preuve de l'estimation (1).

4.1. On note f la fonction $t \to \sin \omega t$ et g la fonction $\to e^{\omega t}$. On vérifie que, pour tout $l \geq 1$,

$$f^{(l)}(t) = \omega^l \sin(\omega t + l\frac{\pi}{2}), g^{(l)}(t) = \omega^l g(t).$$

On prend, pour la première, $M = (1 + |\omega|)$. L'inégalité est vérifiée pour tout l. Pour la seconde, soit $M = \max(|\omega|, e^{\omega a}, e^{\omega b}, 1)$. La fonction g est soit croissante soit décroissante sur $[a, b]$ donc son maximum est obtenu soit en a soit en b (selon le signe de ω). On voit ainsi que le nombre M majore à la fois la fonction et ω, donc

$$\forall t \in I, |g^{(l)}(t)| \leq M^{l+1}.$$

On a montré que les fonction f et g étaient dans E pour tout $\omega \in R$.

4.2. Pour $M > 0$, on définit l'ensemble

$$E_M = \{f \in C^\infty, \forall x \in I, |f^{(m)}(x)| \leq M^{m+1}\}.$$

On définit $E = \cup_{M>0} E_M$. Soit P une fonction polynôme. On se donne $M = \max(1, \max_{j=0}^{j=\partial^0 P}(\max_{t \in I} |P^{(j)}(t)|))$. On vérifie que pour tout $l \leq \partial^0 P$, $|P^{(l)}(t)| \leq M \leq M^{l+1}$ pour tout $t \in I$. Comme d'autre part, pour $l \geq \partial^0 P + 1$, $P^{(l)}(t) = 0$, on en déduit que l'inégalité

$$\forall t \in I, |P^{(l)}(t)| \leq M^{l+1}$$

est vraie pour tout entier l. La fonction polynôme P est dans E.

4.3. Si $f \in E_M$, le terme général de la série $\sum \frac{f^{(m)}(0)}{m!} x^m$ est majoré par $M \frac{(M \max(|a|, |b|))^m}{m!}$, qui est le terme général d'une série absolument convergente. Elle converge donc uniformément sur $[a, b]$ vers une fonction $g(x)$. On vérifie alors que

$$|f(x) - \sum_{m=0}^{m=\infty} \frac{f^{(m)}(0)}{m!} x^m|$$

$$\leq |f(x) - \sum_{m=0}^{m=N} \frac{f^{(m)}(0)}{m!} x^m| + M \sum_{m=M+1}^{\infty} \frac{(M \max(|a|, |b|))^m}{m!}.$$

En utilisant une formule de Taylor avec reste intégral

$$f(x) - \sum_{m=0}^{m=N} \frac{f^{(m)}(0)}{m!} x^m = \frac{x^{m+1}}{(m+1)!} \int_0^1 (1-t)^m f^{(m+1)}(xt) dt,$$

on voit que le premier terme du second membre de l'inégalité est majoré par $\frac{M^{N+2}(\max(|a|, |b|))^{N+1}}{N!}$.

On a ainsi une majoration uniforme de $|f(x) - g(x)|$ sur I par la somme de deux termes qui tendent vers 0 lorsque N tend vers $+\infty$. On en déduit que $f = g$.

4.4. Comme la série de Taylor infinie de f est nulle et que f n'est pas nulle, f n'appartient pas à E, puisque l'on a démontré que toute fonction de E était la somme de sa série de Taylor en 0.

5. Soit $f \in E$, $(\sigma_m)_{m \geq 1}$ une suite de subdivisions de I de longueur m dont le pas $h(\sigma_m)$ tend vers 0 lorsque m tend vers $+\infty$. On note $L_m(f)$ l'unique fonction polynôme de degré inférieur ou égal à m telle que $\forall x \in \sigma_m \cap \mathring{I}, L_m(f)(x) = f(x)$. On a démontré dans la question 2 que, pour tout $x \in I$, il existe $\xi \in I$ tel que

$$f(x) = L_m(f)(x) + \frac{f^{(m)}(\xi)}{m!} \Sigma_m(x).$$

On a démontré la majoration $\forall x \in I, |\Sigma_m(x)| \leq m!(h_m(\sigma))^m$. En utilisant le fait que f est dans E, il existe une constante $M \geq 0$ telle que

$$\forall x \in I, |f(x) - L_m(f)(x)| \leq M^{m+1}(h_m(\sigma))^m.$$

Comme la suite $h_m(\sigma)$ tend vers 0, il existe un n_0 tel que, pour $n \geq n_0$, $M h_m(\sigma) \leq \frac{1}{2}$. On en déduit

$$\forall m \geq n_0, \forall x \in I, |f(x) - L_m(f)(x)| \leq M 2^{-m}.$$

Ceci assure que la suite $(L_m(f))_{m \geq 1}$ converge uniformément vers f sur I.

PARTIE III

6.1. On considère $\sigma \cap]0, 1[= \sigma_+$ et on définit $\sigma_- = -\sigma_+ = \{-x, x \in \sigma_+\}$. On vérifie que:
- soit $0 \in \sigma$, ce qui donne, comme σ symétrique

$$\sigma = \sigma_+ \cup \{0\} \cup \sigma_-,$$

- soit $0 \notin \sigma$, auquel cas $\sigma = \sigma_+ \cup \sigma_-$. Ce sont dans les deux cas, des unions d'ensembles disjoints. On utilise alors $Card(a \cup B) = CardA + CardB - Card(A \cap B)$, pour obtenir, avec $Card(\sigma_-) = Card(\sigma_+)$:
- Si $0 \notin \sigma$, $n(\sigma) = 2Card(\sigma_+)$ est pair, et le polynôme $\Sigma(t)$ vaut

$$\Sigma(t) = \prod_{x \in \sigma_+} (t - x)(t + x) = \prod_{x \in \sigma_+} (t^2 - x^2),$$

qui est une fonction paire.
- Si $0 \in \sigma$, alors $n(\sigma) = 2n(\sigma_+) + 1$ est impair, et

$$\Sigma(t) = t \prod_{x \in \sigma_+} (t^2 - x^2),$$

qui est une fonction impaire.

6.2. On suppose $n(\sigma)$ impair. Alors

$$t\Sigma(t) = t^2 \prod_{x\in\sigma_+} (t^2 - x^2)$$

et $i\alpha\Sigma(i\alpha) = (i\alpha)^2 \prod_{x\in\sigma_+} ((i\alpha)^2 - x^2)$. On vérifie que

$$i\alpha\Sigma(i\alpha) = -i\alpha\Sigma(-i\alpha)$$

et le coefficient $i\alpha\Sigma(i\alpha)$ est réel. Le polynôme

$$Q(t) = 1 - L(f_\alpha)(t)(t^2 + \alpha^2) - \frac{t\Sigma(t)}{i\alpha\Sigma(i\alpha)}$$

est un polynôme de degré au plus égal à $n(\sigma)+1$, car $L(f_\alpha)$ est par définition un polynôme de degré au plus égal à $n(\sigma)-1$ et que $\Sigma(t)$ est un polynôme de degré exactement égal à $n(\sigma)$. Sa valeur en tous les points de l'intérieur de la subdivision est 0 car $L(f_\alpha)(x_i) = (x_i^2+\alpha^2)^{-1}$ pour un point x_i de $\sigma\cap[-1,1[$ et que $\Sigma(x_i) = 0$. D'autre part, $L(f_\alpha)(\pm i\alpha)((\pm i\alpha)^2 + \alpha^2) = 0$, donc Q s'annule aussi en $i\alpha$ et en $-i\alpha$.

Le polynôme Q, de degré au plus égal à $n(\sigma) + 1$, est un polynôme sur $\mathbb{C}$ s'annulant en $n(\sigma) + 2$ points au moins. Il est donc nul. On a démontré l'égalité

$$1 - L(f_\alpha)(t)(t^2 + \alpha^2) = \frac{t\Sigma(t)}{i\alpha\Sigma(i\alpha)}. \tag{3}$$

6.3. Si $n(\sigma)$ est pair, c'est le polynôme $\Sigma(t)$ qui est pair, donc $\frac{\Sigma(t)}{\Sigma(i\alpha)}$ s'annule en $t = i\alpha$ et en $t = -i\alpha$. Le polynôme

$$R(t) = 1 - L(f_\alpha)(t)(t^2 + \alpha^2) - \frac{\Sigma(t)}{\Sigma(i\alpha)}$$

s'annule en $n(\sigma) + 2$ points, et est de degré au plus $n(\sigma) + 1$, donc il est identiquement nul. On a

$$1 - L(f_\alpha)(t)(t^2 + \alpha^2) = \frac{\Sigma(t)}{\Sigma(i\alpha)}.$$

7.1. Par intégrations par parties

$$\Phi(\alpha) = \int_0^1 \log(t^2 + \alpha^2)dt = [t\log(\alpha^2 + t^2)]_0^1 - 2\int_0^1 \frac{t^2}{t^2 + \alpha^2}dt$$

$$= \alpha\log(\alpha^2 + 1) - 2 + 2\alpha^2 \int_0^1 \frac{dt}{t^2 + \alpha^2}.$$

On trouve

$$\Phi(\alpha) = \alpha\log(\alpha^2 + 1) + 2\alpha\arctan\frac{1}{\alpha} - 2.$$

La limite de $\Phi(\alpha)$ lorsque α tend vers 0 par valeurs supérieures est -2, et $\phi(\alpha) > -2$ au voisinage de $\alpha = 0$.

7.2. On vérifie que

$$P_n(i\alpha) = i\alpha \prod_{k=1}^{k=n-1} (i\alpha - k/n)(i\alpha + k/n) = (-1)^{n-1}i\alpha \prod_{k=1}^{k=n-1} (\alpha^2 + k^2/n^2).$$

On construit la somme de Riemann associée à la fonction $\log(t^2 + \alpha^2)$ sur l'intervalle $[0,1]$. Cette somme est égale à

$$\frac{1-0}{n} \sum_{k=0}^{k=n-1} \log(\alpha^2 + k^2/n^2).$$

La fonction $\log(t^2 + \alpha^2)$ est continue sur $[0,1]$ donc son intégrale est la limite de sa somme de Riemann.

Comme

$$\frac{1}{n} \log|P_n(i\alpha)| = \frac{1}{n}[\log\alpha + \sum_{k=1}^{k=n-1} \log(\alpha^2 + k^2/n^2)],$$

qui est la somme de Riemann de $\log(\alpha^2 + k^2/n^2)$, on en déduit le résultat:

$$\frac{1}{n} \log|P_n(i\alpha)| \to \int_0^1 \log(\alpha^2 + t^2)dt = \Phi(\alpha).$$

8. On se propose, pour $x \in \mathcal{A}$ fixé, d'étudier un équivalent de $x\Sigma_n(x)$. C'est une généralisation de la question posée.

8.1. Comme $x \in \mathcal{A}$, $x \neq 1$ et $x \neq -1$. On vérifie que, si les inégalités $k(n,x) + 2 \leq n - 1$ et $k(n,x) - 2 \geq -n$ sont vérifiées, alors

$$-1 + 2/n \leq k(n,x)/n \leq 1 - 3/n.$$

On a donc nécessairement $x > -1 + 2/n$ et $x < 1 - 2/n$. On prend alors

$$n(x) = \max([\frac{2}{x+1}], [\frac{2}{1-x}]) + 1,$$

et les inégalités sont vérifiées. On considérera désormais $n \geq n(x)$.

8.2. On vérifie l'égalité

$$\Psi(x) = \int_0^{1+x} \log t\, dt + \int_0^{1-x} \log t\, dt$$

$$= (1 + x)\log(1 + x) - 1 - x + (1 - x)\log(1 - x) - 1 + x.$$

Ainsi $\Psi(x) = (1 + x)\log(1 + x) + (1 - x)\log(1 - x) - 2$.

Sa valeur en $x = 0$ est -2. C'est une fonction paire, et sa dérivée est $\log\frac{1+x}{1-x}$, qui est strictement positive lorsque $x > 0$. La fonction Ψ est strictement croissante, donc

$$\Psi(\frac{\sqrt{2}}{2}) > \Psi(0) = -2.$$

8.3. Comme $x \in \mathcal{A}$, il existe une constante C telle que $|\frac{k}{n} - x| \geq \frac{C}{n^r}$, ainsi $w'_n \geq -r\frac{\log n}{n} + \frac{\log C}{n}$, et w''_n vérifie la même inégalité. Comme, d'autre part, $w'_n \leq \frac{\log 2}{n}$, les deux suites tendent vers 0 lorsque n tend vers $+\infty$.

8.4. La fonction ψ est décroissante sur $[\frac{p}{n}, \frac{p+1}{n}]$ pour $p \geq k(n)+1 > \frac{n}{\sqrt{2}}$. Ainsi

$$\psi(\frac{p+1}{n}) \leq \int_{\frac{p}{n}}^{\frac{p+1}{n}} \psi(t)dt \leq \psi(\frac{p}{n}).$$

De même, la fonction ψ est croissante sur $[-1, \frac{1}{\sqrt{2}}]$, donc elle est croissante sur $[\frac{p}{n}, \frac{p+1}{n}]$ pour $p+1 \leq k(n) < \frac{1}{\sqrt{2}}$. Ainsi

$$\psi(\frac{p}{n}) \leq \int_{\frac{p}{n}}^{\frac{p+1}{n}} \psi(t)dt \leq \psi(\frac{p+1}{n}).$$

8.5. L'encadrement de $\int_{\frac{k(n)+2}{n}}^{1} \psi(t)dt$ est obtenu en utilisant le premier type d'inégalité, soit

$$\sum_{p=k(n)+2}^{p=n-1} \frac{1}{n}\psi(\frac{p+1}{n}) \leq \int_{\frac{k(n)+2}{n}}^{1} \psi(t)dt \leq \sum_{p=k(n)+2}^{p=n-1} \frac{1}{n}\psi(\frac{p+1}{n}).$$

Il en découle

$$-\frac{1}{n}\psi(\frac{k(n)+2}{n}) + \sum_{p=k(n)+2}^{p=n} \frac{1}{n}\psi(\frac{p}{n}) \leq \int_{\frac{k(n)+2}{n}}^{1} \psi(t)dt$$

$$\leq -\frac{1}{n}\psi(1) + \sum_{p=k(n)+2}^{p=n} \frac{1}{n}\psi(\frac{p}{n}).$$

De même, comme

$$\sum_{p=-n}^{p=k(n)-2} \frac{1}{n}\psi(\frac{p}{n}) \leq \int_{-1}^{\frac{k(n)-1}{2}} \psi(t)dt \leq \sum_{p=-n}^{p=k(n)-2} \frac{1}{n}\psi(\frac{p+1}{n}),$$

on en déduit l'inégalité

$$-\frac{1}{n}\psi(\frac{k(n)-1}{n}) + \sum_{p=-n}^{p=k(n)-1} \frac{1}{n}\psi(\frac{p}{n}) \leq \int_{-1}^{\frac{k(n)-1}{2}} \psi(t)dt$$

$$\leq -\frac{1}{n}\psi(-1) + \sum_{p=-n}^{p=k(n)-1} \frac{1}{n}\psi(\frac{p}{n}).$$

Ce sont les deux inégalités demandées.

8.6. Il suffit de considérer la fonction $\psi(t) = -\log|t - \frac{1}{\sqrt{2}}|$ qui a les propriétés demandées pour obtenir l'inégalité suivante:

$$\frac{1}{n}\log(\frac{k(n)+2}{n} - \frac{1}{\sqrt{2}}) + \frac{1}{n}\log(\frac{1}{\sqrt{2}} - \frac{k(n)-1}{n})$$
$$-\frac{1}{n}\sum_{-n\leq p\leq n, n\neq k(n), k(n)+1}\log|\frac{p}{n} - \frac{1}{\sqrt{2}}|$$
$$\leq -\int_{\frac{k(n)+2}{n}}^{1}\log(t - \frac{1}{\sqrt{2}})dt - \int_{-1}^{\frac{k(n)-1}{2}}\log(\frac{1}{\sqrt{2}} - t)dt$$
$$\leq -\frac{1}{n}\log(1 - \frac{1}{\sqrt{2}}) - \frac{1}{n}\log(1 + \frac{1}{\sqrt{2}})$$
$$-\frac{1}{n}\sum_{-n\leq p\leq n, p\neq k(n), k(n)+1}\frac{1}{n}\log|\frac{p}{n} - \frac{1}{\sqrt{2}}|.$$

On peut alors écrire l'inégalité d'une autre manière:

$$\int_{\frac{k(n)+2}{n}}^{1}\log(t - \frac{1}{\sqrt{2}})dt + \int_{-1}^{\frac{k(n)-1}{2}}\log(\frac{1}{\sqrt{2}} - t)dt$$
$$+\frac{1}{n}\log(\frac{k(n)+2}{n} - \frac{1}{\sqrt{2}}) + \frac{1}{n}\log(\frac{1}{\sqrt{2}} - \frac{k(n)-1}{n})$$

$$\leq \frac{1}{n}\sum_{-n\leq p\leq n, n\neq k(n), n\neq k(n)+1}\log|\frac{p}{n} - \frac{1}{\sqrt{2}}|$$
$$\leq \int_{\frac{k(n)+2}{n}}^{1}\log(t - \frac{1}{\sqrt{2}})dt+$$
$$\int_{-1}^{\frac{k(n)-1}{2}}\log(\frac{1}{\sqrt{2}} - t)dt - \frac{1}{n}\log(1 - \frac{1}{\sqrt{2}}) - \frac{1}{n}\log(1 + \frac{1}{\sqrt{2}}).$$

La somme des deux intégrales converge vers $\int_{-1}^{1}\log|t - \frac{1}{\sqrt{2}}|dt = \Psi(\frac{1}{\sqrt{2}})$, puisque la fonction $\log|t - \frac{1}{\sqrt{2}}|$ est intégrable. De plus, $\frac{k(n)+2}{n} - \frac{1}{\sqrt{2}} \geq \frac{1}{n}$ et $\frac{1}{\sqrt{2}} - \frac{k(n)-1}{n} \geq \frac{1}{n}$, ce qui entraîne que le terme $\frac{1}{n}\log(\frac{k(n)+2}{n} - \frac{1}{\sqrt{2}}) + \frac{1}{n}\log(\frac{1}{\sqrt{2}} - \frac{k(n)-1}{n})$ tend vers 0 lorsque n tend vers $+\infty$. On en déduit que

$$\lim_{n\to\infty}(\frac{1}{n}\sum_{-n\leq p\leq n, n\neq k(n), n\neq k(n)+1}\log|\frac{p}{n} - \frac{1}{\sqrt{2}}|) = \Psi(\frac{1}{\sqrt{2}}).$$

De plus, comme w_n' et w_n'' tendent vers 0, on en déduit le résultat.

9. On choisit le point $x = \frac{1}{\sqrt{2}}$. De l'égalité

$$1 - \frac{R_n(f_\alpha)(x)}{f_\alpha(x)} = \frac{xP_n(x)}{i\alpha P_n(i\alpha)}$$

on déduit

$$f_\alpha(\frac{1}{\sqrt{2}}) - R_n(f_\alpha)(\frac{1}{\sqrt{2}}) = f_\alpha(\frac{1}{\sqrt{2}})\frac{\frac{1}{\sqrt{2}}P_n(\frac{1}{\sqrt{2}})}{i\alpha P_n(i\alpha)}.$$

En prenant la valeur absolue puis le logarithme, on vérifie que

$$\log|f_\alpha(\frac{1}{\sqrt{2}}) - R_n(f_\alpha)(\frac{1}{\sqrt{2}})|$$

$$= \log|\frac{1}{\sqrt{2}\alpha}f_\alpha(\frac{1}{\sqrt{2}})| + \log|P_n(\frac{1}{\sqrt{2}})| - \log|P_n(i\alpha)|.$$

On note $u_n = \log|P_n(\frac{1}{\sqrt{2}})|$ et $v_n = \log|P_n(i\alpha)|$. On a démontré dans la question **7.** que $\frac{v_n}{n}$ converge vers $\Phi(\alpha)$ et dans la question **8.** que $\frac{u_n}{n}$ converge vers $\Psi(\frac{1}{\sqrt{2}}) > -2$. Comme $\Phi(\alpha)$ tend vers -2 lorsque α tend vers 0, il existe une valeur α_0 de α pour que $\Phi(\alpha) < \Psi(\frac{1}{\sqrt{2}})$. On en déduit

$$\lim \frac{v_n}{n} < \lim \frac{u_n}{n}.$$

La question **0.3** implique alors que $u_n - v_n$ tend vers $+\infty$, ainsi

$$\lim_{n \to \infty} \log|f_\alpha(\frac{1}{\sqrt{2}}) - R_n(f_\alpha)(\frac{1}{\sqrt{2}})| = +\infty.$$

Il n'y a pas convergence de la suite d'interpolation vers la fonction. Comme, pour toute fonction de E, il y a convergence de la suite d'interpolation vers la fonction lorsque le pas de la subdivision tend vers 0, la fonction f_{α_0} n'est pas dans E.

10. Les inégalités de la question 8 sont identiques pour x à la place de $\frac{1}{\sqrt{2}}$ et la limite des suites w'_n et w''_n égales, comme dans **8.3.** à $\frac{1}{n}\log|\frac{k(n,x)}{n} - x|$ et $\frac{1}{n}\log|\frac{k(n,x)+1}{n} - x|$ est zéro car $x \in \mathcal{A}$.

11. De l'égalité

$$\log|f_\alpha(x) - R_n(f_\alpha)(x)| = \log|\frac{1}{\sqrt{2}\alpha}f_\alpha(x)| + \log|P_n(x)| - \log|P_n(i\alpha)|.$$

on en déduit que, pour $x \in \mathcal{A}$, la limite de $\frac{1}{n}\log|P_n(x)|$ est $\Psi(x)$, alors que celle de $\frac{1}{n}\log|P_n(i\alpha)|$ est $\Phi(\alpha)$. Lorsque $\Psi(x) < \Phi(\alpha)$, alors $\log|P_n(x)| - \log|P_n(i\alpha)|$ tend vers $-\infty$. Lorsque $\Psi(x) > \Phi(\alpha)$, alors $\log|P_n(x)| - \log|P_n(i\alpha)|$ tend vers $+\infty$. Dans le premier cas, $\log|f_\alpha(x) - R_n(f_\alpha)(x)|$ tend vers 0 et ainsi la suite interpolée converge vers la fonction. Dans le second cas, la suite interpolée ne converge pas vers la fonction. Ainsi, si on désigne par $x_\alpha = \Psi^{-1}(\Phi(\alpha))$, l'intervalle J_α est $-]x_\alpha, x_\alpha[$.

La condition $\alpha \in J_\alpha$ est équivalente à $\alpha < \Psi^{-1}(\Phi(\alpha))$, soit $\Psi(\alpha) < \Phi(\alpha)$.

Un développement limité au voisinage de $\alpha = 0$ des deux fonctions donne $\Phi(\alpha) = -2 + \pi\alpha - 2\alpha^2 + O(\alpha^3)$ et $\Psi(\alpha) = -2 + 2\alpha^2 + O(\alpha^3)$. La fonction Φ croit plus vite que la fonction Ψ, donc l'ensemble des α n'est pas vide. L'ensemble demandé est l'ensemble des α tels que

$$\pi\alpha + \alpha\log(1 + \alpha^2) - 2\alpha\arctan\alpha - (1 + \alpha)\log(1 + \alpha) - (1 - \alpha)\log(1 - \alpha) > 0.$$

12. Les zéros de Q sont isolés, ainsi il existe $\varepsilon > 0$ tel que $Q(x) \neq 0$ pour $x \in [x_0 - \varepsilon, x_0 + \varepsilon]$. Pour $\frac{k}{n} > x_0 + \varepsilon$ et pour $\frac{k}{n} < x_0 - \varepsilon$, on a bien sûr $|x_0 - \frac{k}{n}| \geq \varepsilon$. On suppose désormais

$$(x_0 - \varepsilon)n \leq k \leq (x_0 + \varepsilon)n.$$

On écrit $Q(x) = (x - x_0)S(x)$, où S est un polynôme qui n'admet pas x_0 comme zéro (car $Q'(x_0) \neq 0$) et qui n'admet pas de zéro dans $[x_0 - \varepsilon, x_0[\cup]x_0, x_0+\varepsilon]$, car cela serait un zéro de Q. On note M le maximum de $S(x)$ sur l'intervalle $[x_0 - \varepsilon, x_0 + \varepsilon]$. Alors $M \neq \infty$. Comme $Q_r(\frac{k}{n}) = \dfrac{\sum_{j=0}^{j=r} p_j k^j n^{r-j}}{n^r}$, $n^r|Q_r(\frac{k}{n})|$ est un entier. Lorsque $(x_0 - \varepsilon)n \leq k \leq (x_0+\varepsilon)n$, cet entier est non nul, il est donc minoré par 1. On en déduit

$$(x_0 - \varepsilon)n \leq k \leq (x_0 + \varepsilon)n \Rightarrow |\frac{k}{n} - x_0| \geq \frac{1}{n^r M}.$$

On en déduit, en choisissant $C = \min(\frac{1}{M}, \varepsilon)$, que

$$|x_0 - \frac{k}{n}| \geq \frac{C}{n^r}.$$

Ceci indique que $x_0 \in \mathcal{A}$.

CHAPITRE 5
Sujets donnés au concours en 1997 et 1998

Epreuve de sciences industrielles 1997

Filière PSI

Épreuve de Sciences Industrielles

ASTRÉE – Machine pour essais mécaniques multiaxiaux

Le Laboratoire de Mécanique et Technologie (LMT) est un laboratoire de recherche en mécanique implanté sur le campus de Cachan, spécialisé dans l'analyse et la prévision du comportement des matériaux et des structures.

L'apparition de nouveaux matériaux, de matériaux composites ou multifonctionnels et le développement de structures multimatériaux ont conduit le LMT à se doter d'une machine d'essais capable de reproduire en laboratoire la complexité des sollicitations réelles. Imaginée et conçue par des chercheurs du LMT, cette machine, appelée ASTRÉE, a été développée et réalisée par la société SCHENCK.

Le bâti est constitué d'un soubassement fixe, de quatre colonnes verticales et d'une traverse supérieure mobile. L'espace d'essai est de $650 \times 650 \times 1\,500$ mm.

Les deux vérins verticaux, montés respectivement sur le soubassement et la traverse supérieure, ont une capacité de 250 kN et une course de 400 mm. Les quatre vérins horizontaux ont une capacité de 100 kN et une course de 250 mm. Ils sont installés sur des supports réglables le long des colonnes. Des verrouillages mécaniques au pas de 100 mm assurent la coplanéité et la convergence des axes des vérins. La mise en position et le déblocage de la traverse et des supports latéraux sont hydrauliques.

L'originalité d'ASTRÉE réside dans la possibilité de relier le corps de l'éprouvette au bâti de la machine par trois lignes d'efforts (document 1), chacune matérialisée par deux vérins hydrauliques opposés, asservis de façon indépendante ou couplée. Cette spécificité permet de contrôler ou d'asservir le déplacement spatial d'un point du corps de l'éprouvette quelles que soient les déformations du reste de la structure. Ce découplage électronique peut être complété par un découplage mécanique en interposant des liaisons élastiques entre les vérins et le corps de l'éprouvette.

Astrée a été conçue pour générer des sollicitations tridimensionnelles sur des structures. Elle peut évidemment être configurée pour solliciter des structures bidimensionnelles. Le schéma ci-dessous donne la géométrie retenue pour une éprouvette biaxiale réalisée pour obtenir une répartition uniforme de la contrainte dans un volume significatif de matériau. Ce volume est ici la zone centrale amincie. Cette zone est reliée aux extrémités des vérins de charges par des «peignes» dont la finalité est de filtrer les composantes parasites du chargement.

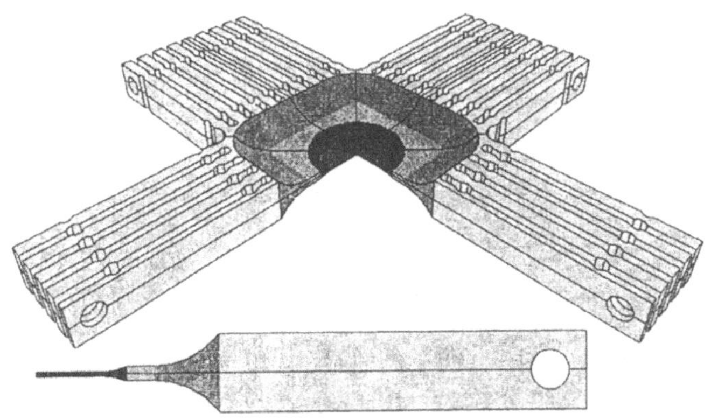

L'énergie hydraulique nécessaire au fonctionnement d'Astrée est fournie par deux centrales montées en parallèle. Chacune d'elles est formée de deux pompes en série entraînées par un moteur électrique. L'huile est ensuite distribuée selon le besoin dans les vérins et les paliers avant de retourner au réservoir.

Le débit total disponible des deux centrales est de 330 l/mn à la pression de service de 270 bars (1 bar = 105 Pa).

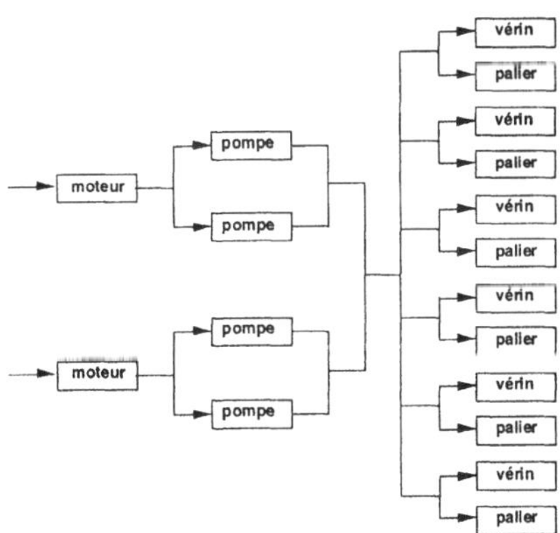

Durée 5 heures

Aucun document n'est autorisé.

L'utilisation d'une calculatrice électronique de poche y compris calculatrice programmable et alphanumérique à fonctionnement autonome , non imprimante, est autorisée conformément à la circulaire n°86-228 du 28 juillet 1986. En aucune façon, cette calculatrice ne pourra posséder de données scientifiques et techniques propres aux sciences industrielles.

Le sujet est composé:

- de ce livret de 6 pages définissant le travail demandé,

- d'une pochette « documents » contenant 8 documents numérotés de 1 à 8 sur 6 pages format A3

Recommandations :

L'étude proposée a pour objet l'analyse et la vérification des performances d'une pompe de l'une des centrales hydrauliques et de l'un des 6 vérins de charge de l'éprouvette.

Pour en favoriser la lisibilité, le texte du sujet est découpé en trois parties. Il est recommandé au candidat de lire l'intégralité du sujet. Les questions sont numérotées et ordonnées mais beaucoup sont indépendantes.

Il est demandé au candidat de rappeler, sur sa copie, le numéro de la question avant de développer sa réponse.

Étude de la pompe hydraulique

Deux représentations de la pompe sont données sur les documents 2a et 2b.
L'arbre d'entrée (repère 1) est lié au moteur électrique. Il entraîne, en rotation, le barillet (repère 3) par l'intermédiaire d'un accouplement homocinétique à tenons (repère 2). Le barillet tourne autour du distributeur cylindrique (repère 4). Les pistons (repère 5) disposés radialement dans le barillet prennent appui par l'intermédiaire de patins (repère 6) sur la couronne de commande de cylindrée (repère 7). La liaison entre les pistons et les patins est une liaison rotule. Les patins sont guidés sur la couronne par deux anneaux de maintien (repère 8).
La rotation du barillet provoque le mouvement des pistons qui effectuent une course correspondant au double de l'excentricité affichée par la couronne de cylindrée. L'excentricité de cette couronne est donnée par un piston (repère 9) et un contre piston (repère 10) guidés dans le corps de pompe (repère 0). Le fluide arrive et repart par des canaux réalisés dans le corps en passant par les canalisations d'admission et de refoulement usinés dans le distributeur.

Le modèle retenu pour cette étude et le paramétrage sont donnés sur le document **3**. Les solutions technologiques étant identiques pour tous les pistons le schéma est limité à la chaîne associée au fonctionnement d'un seul piston.

La couronne de commande est maintenue en position d'excentration maximale notée e.

1 - Donner le nom normalisé et les caractéristiques de chacune des liaisons L_{ij} entre la pièce i et la pièce j. Proposer une justification claire et concise des différents modèles de liaison retenus

2 - En généralisant les modèles de liaison proposés pour l'étude d'un piston, donner le graphe de structure des 16 pièces : le corps de pompe 0, le barillet 3, les sept pistons 5 et les sept patins 6.

3 - Recenser le nombre d'inconnues cinématiques et déterminer le nombre d'équations cinématiques, non nécessairement indépendantes, que l'on peut écrire. En déduire l'indice de mobilité.

4 - Recenser le nombre d'inconnues d'efforts de liaison. Déterminer le nombre d'équations issues de l'écriture du principe fondamental de la statique appliqué à chacun des solides, non nécessairement indépendantes, que l'on peut écrire. En déduire l'indice de mobilité.

5 - Par quelle hypothèse peut-on justifier l'égalité des résultats obtenus aux questions 3 et 4?

On limite maintenant l'étude à la chaîne simple associée au fonctionnement d'un seul piston, telle qu'elle est modélisée sur le schéma cinématique du document 3.

6 - Donner le graphe de structure et calculer l'indice de mobilité.

7 - Exprimer les torseurs cinématiques des liaisons de cette chaîne simple fermée.

8 - Déterminer la liaison cinématiquement équivalente entre le barillet (repère 3) et le patin (repère 6). Préciser ses caractéristiques.

9 - Donner le graphe de structure de cette modélisation simplifiée.

10 - Proposer un schéma cinématique de l'ensemble des pièces { 0, 3, 6}.

11 - Écrire la fermeture de chaîne cinématique en O_0 et en déduire les équations obtenues par projection dans le repère R_0.

12 - Déterminer le rang de ce système d'équations et en déduire la mobilité du modèle du mécanisme étudié. Calculer le degré d'hyperstatisme.

13 - Proposer la modification d'une liaison qui rende ce modèle isostatique. Analyser la réalisation et commenter brièvement les choix de modèles.

L'étanchéité entre le piston et le barillet ne peut être réalisée par un contact linéique. Le constructeur a tout naturellement retenu une solution d'étanchéité directe par contact cylindre-cylindre. Ce choix l'a conduit à installer un patin (documents 2a et 2b) On fait les hypothèses suivantes:
      - Le modèle retenu est celui du document 3,
      - les liaisons sont parfaites,
      - les actions de pesanteur sont négligées,
      - le mécanisme est immobile par rapport au corps et en équilibre,
      - la pression d'huile est uniforme sur le piston,
      - le problème présente une symétrie plane $(O_0, \bar{y}_0, \bar{z}_0)$

14 - Déterminer le torseur associé à l'action du barillet sur le piston. Proposer une position du centre A de la liaison patin/piston par rapport au centre B de la liaison piston/barillet qui minimise les actions de liaison. Justifier votre choix.

Le débit instantané de la pompe est fonction de la vitesse des pistons par rapport au barillet.

15 - Exprimer la vitesse du point B du piston dans son mouvement par rapport au barillet en fonction du paramètre d'entrée θ , de sa dérivée temporelle et des grandeurs caractéristiques du mécanisme. Tracer à main levée, l'allure du graphe du débit de la pompe en fonction de la rotation du barillet pour un tour de celui-ci. Commenter brièvement votre construction.

On appelle cylindrée le volume d'huile refoulé par tour du barillet. L'excentricité e est égale à 10 mm et le diamètre des pistons est de 24 mm.

16 - Calculer la cylindrée de cette pompe.

Compte tenu du débit nécessaire à l'alimentation des paliers hydrostatiques et au fonctionnement simultané des 6 vérins de chargement d'Astréc, il est installé deux groupes motopompes hydrauliques. Chacun des deux groupes est constitué d'un moteur électrique qui entraine deux pompes installées sur le même arbre.

17 - Déterminer la puissance électrique nécessaire au fonctionnement de l'installation en tenant compte du rendement total η_t (document 4)

Étude des vérins de charge de l'éprouvette

On s'intéresse maintenant aux vérins de charge de l'éprouvette. Le document 5, extrait du plan hydraulique du constructeur de la machine, représente la distribution de puissance hydraulique de l'un des quatre vérins de charge horizontaux. Le vérin à double effet à tige traversante (ou vérin symétrique - repère 65) est alimenté par une servo-valve (repère 67) qui distribue l'énergie hydraulique dispensée par deux groupes hydrauliques (repère 1). Un palier hydrostatique (repère 69) assure une bonne tenue de l'ensemble aux efforts radiaux.

18 - Identifier de manière précise et concise les composants ou ensembles de composants hydrauliques repérés : **8, 12 et 54**.
Pour ce faire, vous définirez la fonction de chaque composant selon le format :

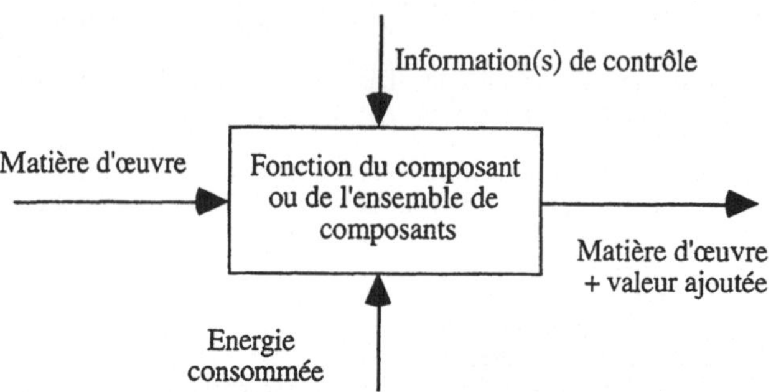

Vous donnerez également pour chaque composant ses caractéristiques technologiques essentielles (exemple pour un vérin : simple ou double effet, éventuel amortissement fin de course, éventuelle tige traversante, ...). Enfin, vous justifierez pour chaque composant sa présence dans le circuit en indiquant son rôle dans la distribution de puissance au vérin de charge.

Pour simplifier l'étude, on suppose dans un premier temps que les vérins de charge sont alimentés par de simples distributeurs monostables 4/2 comme indiqué sur la figure ci dessous.
On fait alors les hypothèses suivantes :
- le fluide est incompressible,
- le débit de la pompe est constant,
- on néglige les fuites au niveau du piston,
- les pertes de charges dans les raccords et les liaisons hydrauliques sont négligeables,
- les actions de frottement et les actions de l'éprouvette sur l'ensemble {tige+piston} peuvent se ramener à une résultante équivalente purement résistante et axiale : $\vec{F}_e$, que nous supposerons constante.

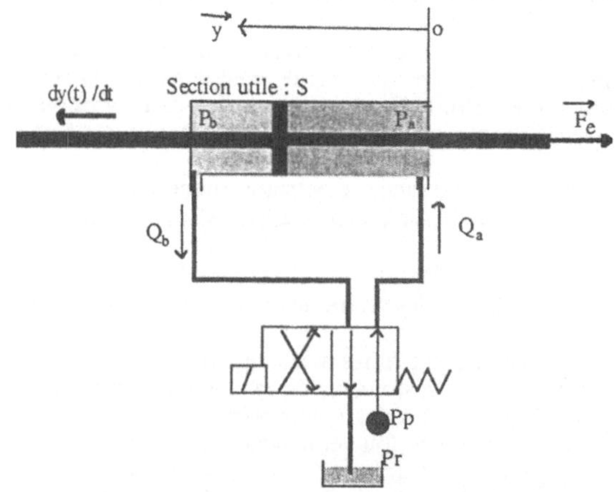

19 - Écrire le principe fondamental de la dynamique appliqué à l'ensemble {tige+piston} en translation de tige dans le sens positif de $\bar{y}$ en faisant l'hypothèse que le mouvement est uniforme (accélération nulle).

Pour modéliser le comportement d'un distributeur, on donne les relations débit-pression dans chaque voie du distributeur :

pour la voie à l'admission :

$$Q_a(t) = Q_n \sqrt{\frac{P_p - P_a(t)}{\Delta'p}}$$

pour la voie à l'échappement :

$$Q_b(t) = Q_n \sqrt{\frac{P_b(t) - P_r}{\Delta'p}} \qquad \textbf{(on prendra : Pr = 0)}$$

Q_n est le débit nominal du distributeur (débit traversant une voie du distributeur sous une perte de charge nominale Δ'_p)

Δ'_p est la perte de charge nominale du distributeur (conventionnellement 35 bars par voie)

20 - En considérant que $Q_a = Q_b$, et en introduisant une relation liant le débit dans le vérin à la vitesse de déplacement de sa tige, donner la relation caractéristique de l'ensemble {vérin + distributeur + alimentation} de la forme :

$$\frac{dy(t)}{dt} = f\left(F_e, Q_n, P_p, S, \Delta'_p\right)$$

21 - Tracer la courbe d $y(t)/dt = f(F_e)$.

22 - Calculer la puissance des efforts extérieurs à l'ensemble {piston + tige} en mouvement uniforme.
En considérant que la puissance développée (P) par le vérin en régime permanent et en un point de fonctionnement (F_e, d $y(t)/dt$) est identique à la puissance des efforts extérieurs calculée précédemment, montrer qu'il existe un Fe optimal pour lequel la puissance développée par le vérin est maximale. Tracer la courbe P = f(Fe).

On souhaite pouvoir exercer sur les éprouvettes un effort maxi de 6667 N. La vitesse maximum souhaitée de translation de la tige des vérins est de 10 cm par seconde. La pression d'utilisation est de 270 bars.
Les caractéristiques du vérin et du distributeur retenus par le constructeur sont données respectivement dans les documents 6 et 7 (vérin Ø 100 x Ø 70 et distributeur ref. 2452-120).

23 - Vérifier, en vous aidant de la modélisation réalisée précédemment, que les caractéristiques du vérin (section utile) et du distributeur (débit nominal) choisis par le constructeur sont compatibles avec les performances souhaitées de la machine .

Étude de l'asservissement en vitesse des vérins de charge de l'éprouvette

On ne considère plus que le fluide est incompressible, mais on prend en compte son module d'élasticité, noté E_h. Dans ces conditions, la fonction de transfert d'un vérin symétrique est donnée par :

Q (p) → | Vérin + Charge | → $L\{dy(t)/dt\}$, notée V(p)

$$\frac{V(p)}{Q(p)} = \frac{1}{S\left(1 + 2\xi\dfrac{p}{\omega_0} + \dfrac{p^2}{\omega_0^2}\right)}$$

avec : ξ coefficient d'amortissement réduit

ω_0 pulsation propre du système non amorti

$$\xi = \frac{f\,\omega_0}{2\,R_h} \qquad\qquad \omega_0 = \sqrt{\frac{R_h}{Me}}$$

R_h : raideur hydraulique du vérin

Me : masse équivalente ramenée à la tige du vérin

f : coefficient de frottement visqueux résultant (frottements secs négligés)

24 - Donner l'ordre de cette fonction de transfert. Donner l'expression du gain statique. Conclure quant à la rapidité comparée d'un vérin de forte section et celle d'un vérin de faible section.

25 - Calculer la valeur numérique de ω_0 et de ξ avec :
- $R_h = 4xSxE_h/C$ où C est la course du vérin (250 mm) et E_h est le module d'élasticité de l'huile ($1{,}4 \times 10^9$ N/m^2)
- Me = 10 000 Kg
- $f = 4x10^4$ N.s/m

Tracer alors, en la justifiant, une allure de la réponse indicielle de ce vérin chargé.

Dans un asservissement le vérin n'est plus piloté par un distributeur, mais par une servo-valve qui délivre un débit d'huile proportionnel à un courant d'excitation dont le principe de fonctionnement est décrit ci-dessous,

Servo-valve en débit

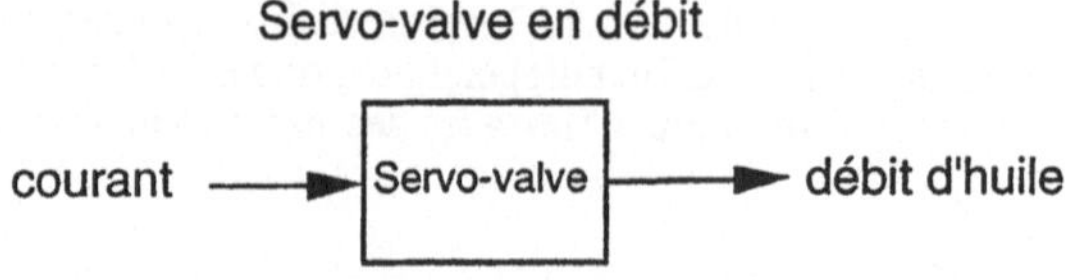

Le document 8 donne les caractéristiques de la servo-valve retenue pour asservir le déplacement d'un vérin de charge. On prendra le modèle HVM 055 : Qn = 20 l/s. On désire déduire de l'étude de ses caractéristiques une fonction de transfert de la servo-valve. Pour ce faire, on va procéder par identification à partir du diagramme de Bode fourni par le constructeur (document 8).

26 - Justifier sur ce diagramme de Bode votre choix de retenir un modèle d'identification du premier ou du second ordre (on pourra par exemple s'intéresser à la fréquence de coupure à -3db).

27 - Donner un modèle numérique complet de la fonction de transfert de cette servo-valve (si besoin est, on adoptera un coefficient d'amortissement $\zeta = 0{,}6$).

28 - Tracer la réponse indicielle de la servo-valve pour un échelon de consigne de 150 mA

On réalise finalement l'asservissement en vitesse de l'axe y dont le schéma fonctionnel est donné sur la figure ci dessous.

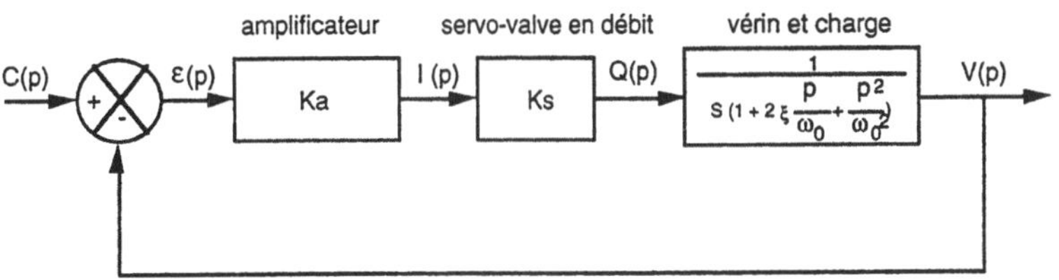

29 - Justifier par vos réponses aux questions 25 et 26 la fonction de transfert retenue pour la servo-valve dans ce schéma fonctionnel.

30 - Donner l'expression de la fonction de transfert en boucle ouverte (G(p)) de cet asservissement en vitesse, ainsi que le gain en boucle ouverte. Quelle est l'erreur statique de cet asservissement en vitesse?

31 - Donner l'expression de la fonction de transfert en boucle fermée (H(p)) de cet asservissement en vitesse. L'exprimer sous la forme canonique des systèmes du second ordre.

32 - Quelle doit être la valeur de Ka pour obtenir une réponse indicielle de cet asservissement qui soit amortie, sans dépassement ? Conclure.

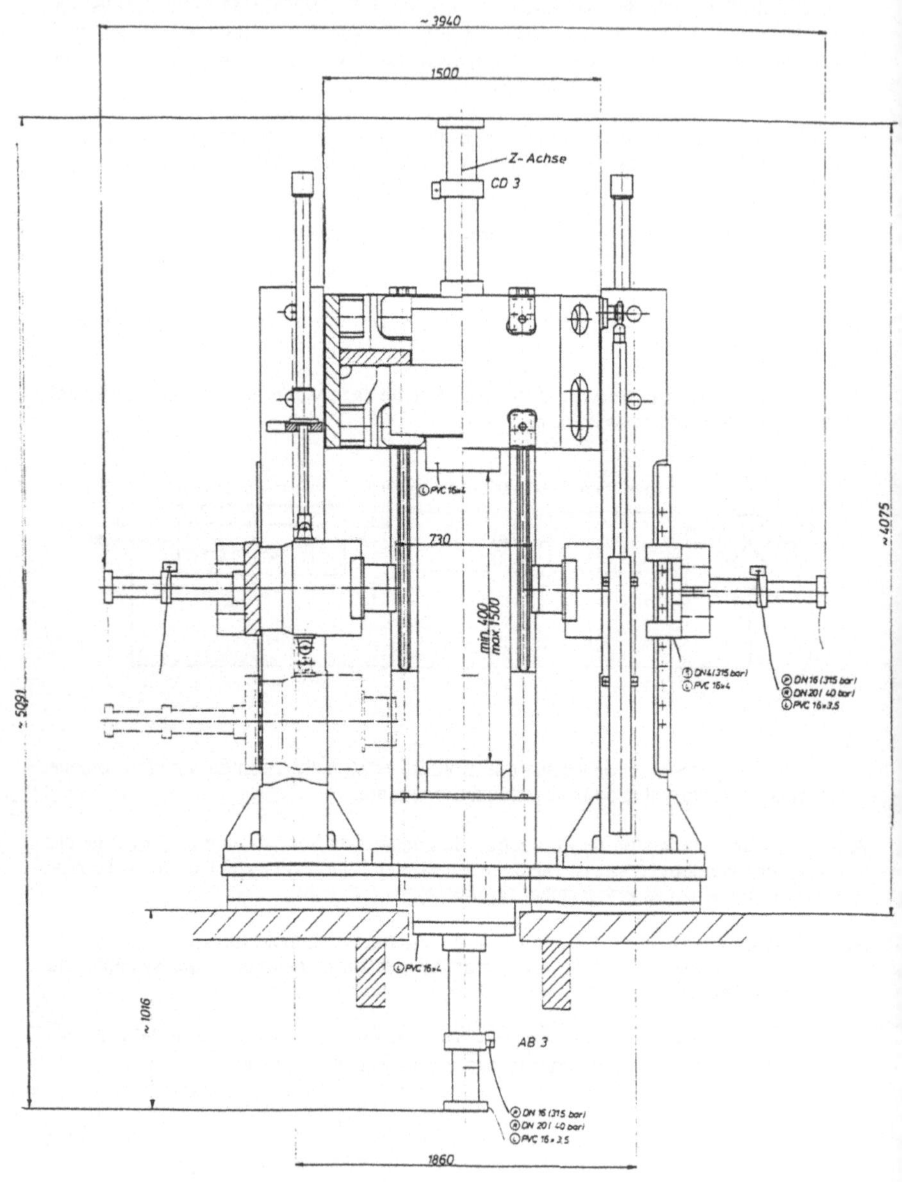
~ 3940
1500
Z- Achse
CD 3
~ 4075
730
min. 400
max. 1500
~ 5091
DN4 (315 bar)
PVC 16×4
DN 16 (315 bar)
DN 20 / 40 bar
PVC 16×3,5
PVC 16×4
~ 1016
PVC 16×4
AB 3
DN 16 (315 bar)
DN 20 / 40 bar
PVC 16×3,5
1860

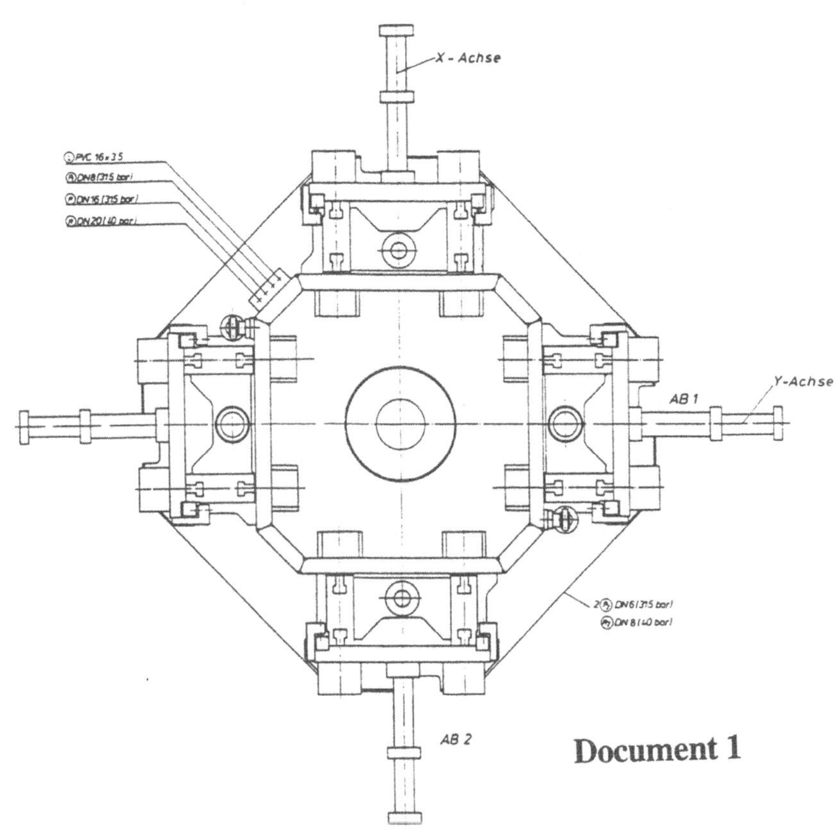

Document 1

Weitergabe sowie Vervielfältigung dieser Unterlage ist nicht gestattet. Alle Eigentums- und Urheberrechte verbleiben bei CARL SCHENCK AG

Zchg. Nr. Auftraggeber	A
	B
	C

Allgemeintoleranzen mittel DIN 7168/1 — B DIN 8570 — II A DIN 2310 — GT DIN — Oberfläche DIN ISO 1302 DIN 4768 — Maßstab im Original 1 : 10

Bearb.	19 1 90	Bork
Gepr.		
Norm		Filtinger

Benennung u. Zusatz für Fremdsprache

Mehraxialprüfstand

SCHENCK — CARL SCHENCK AG — Postfach 40 40 D-6100 Darmstadt 1

Zeichnung Nr. **P003 790**

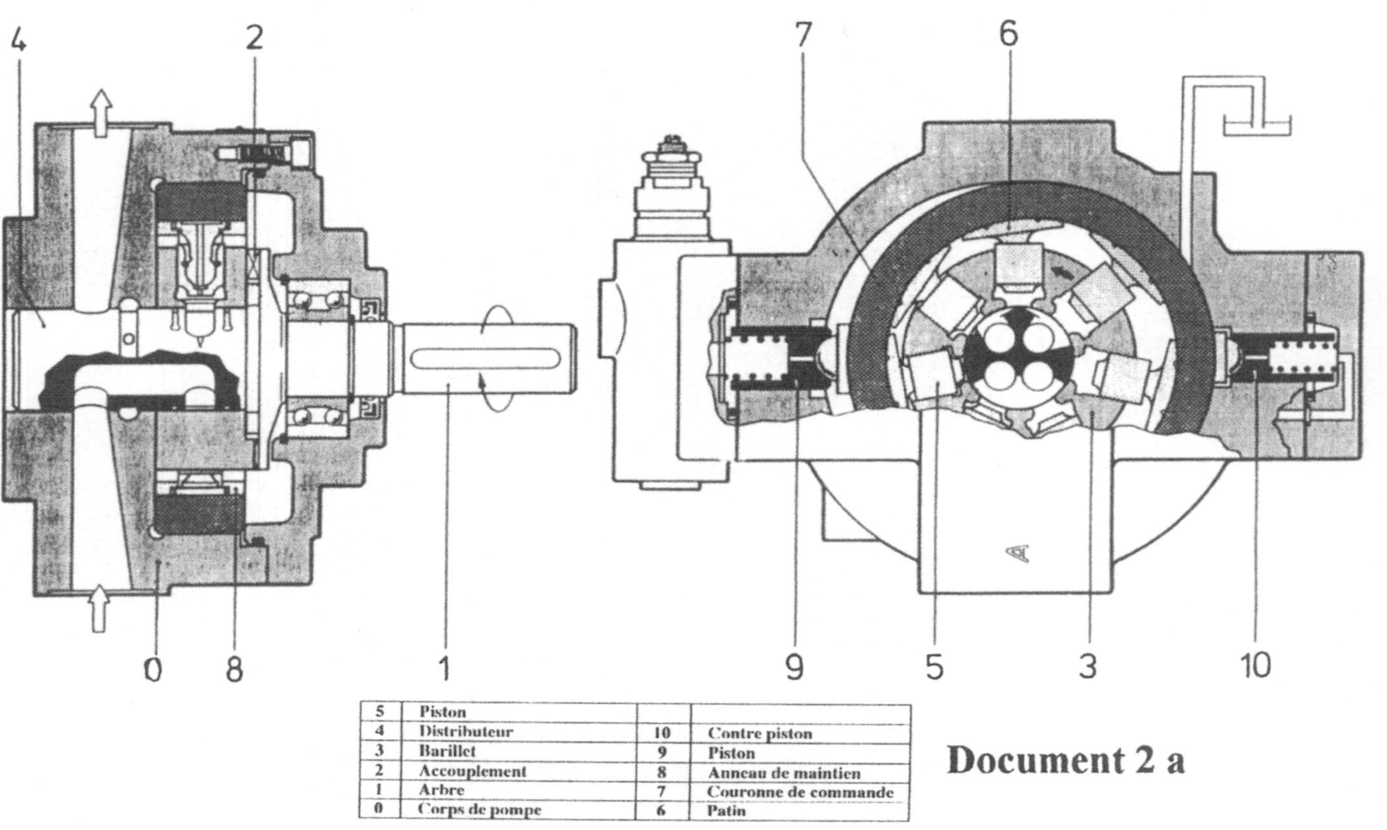

5	Piston		
4	Distributeur	10	Contre piston
3	Barillet	9	Piston
2	Accouplement	8	Anneau de maintien
1	Arbre	7	Couronne de commande
0	Corps de pompe	6	Patin

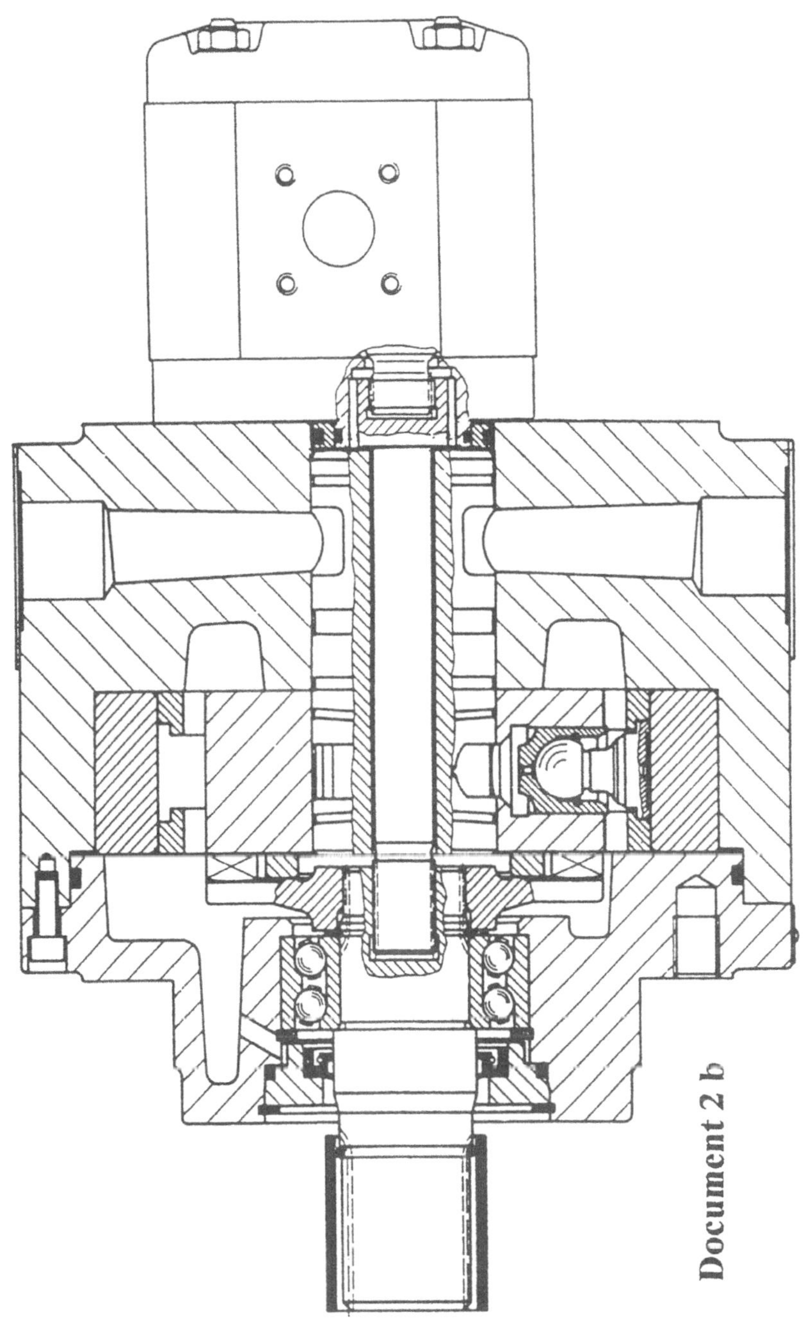

Document 2 b

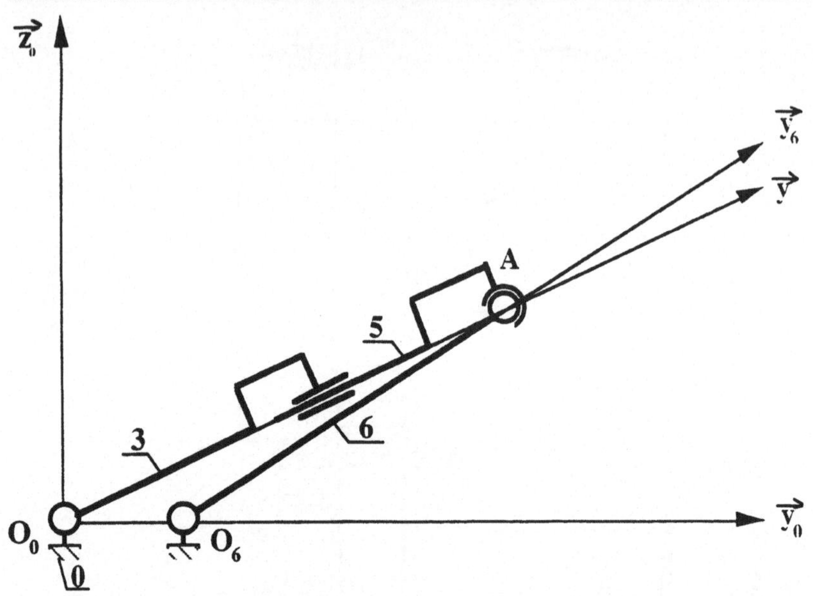

$$\overrightarrow{O_0 O_6} = e\,\vec{y_0} \qquad\qquad (\vec{y_0}, \vec{y}) = \theta$$

$$\overrightarrow{O_0 A} = l\,\vec{y} \qquad\qquad (\vec{y_0}, \vec{y_6}) = \alpha$$

$$\overrightarrow{O_6 A} = r\,\vec{y_6}$$

Les repères : $\ \mathrm{R_0} = (O_0, \vec{x}_0, \vec{y}_0, \vec{z}_0)$

$\qquad\qquad\quad \mathrm{R_6} = (O_6, \vec{x}_6, \vec{y}_6, \vec{z}_6)$

$\qquad\qquad\quad \mathrm{R} = (O, \vec{x}, \vec{y}, \vec{z})$

Document 3

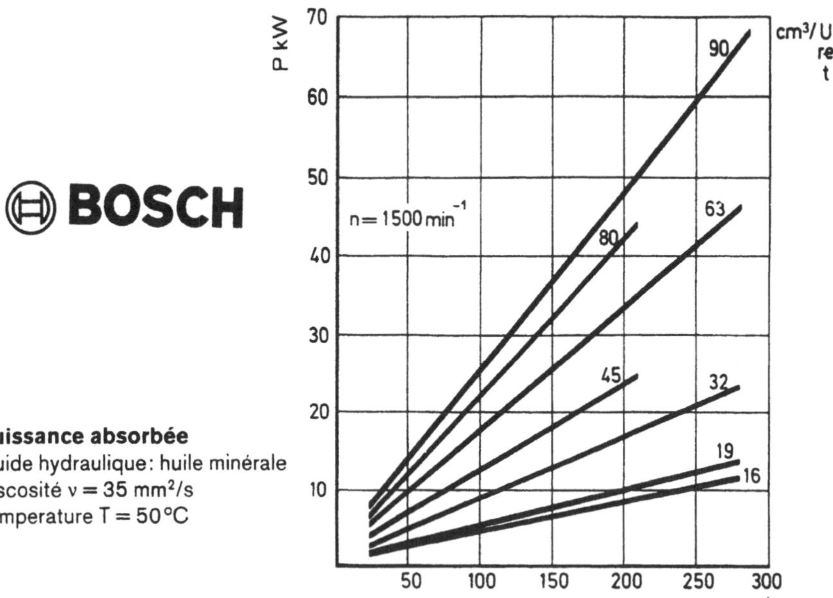

BOSCH

Puissance absorbée
Fluide hydraulique: huile minérale
Viscosité $\nu = 35$ mm²/s
Temperature $T = 50\,°C$

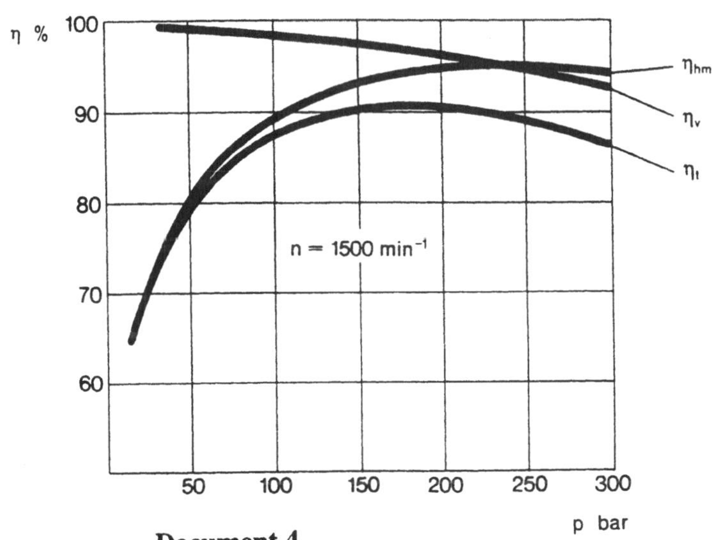

Document 4

Rendements
Fluide hydraulique: huile minérale
Viscosité $\nu = 35$ mm²/s
Temperature $T = 50\,°C$

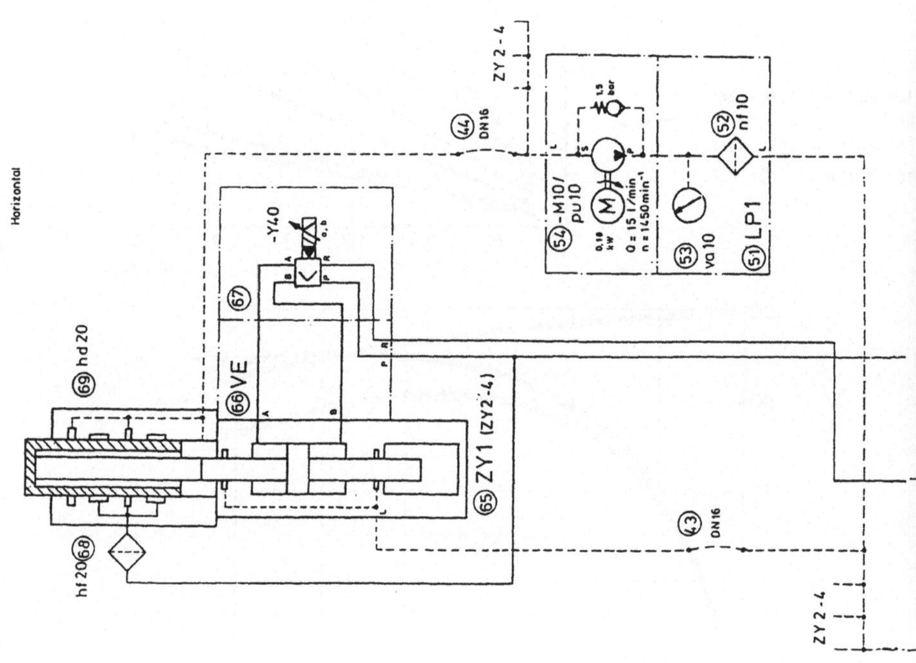

Horizontal
hd 20
hf 20
VE
-Y40
ZY1 (ZY2'-4)
ZY2-4
DN16
-M10/ pu10
0.18 kW
Q = 15 l/min
n = 1450 min⁻¹
1,5 bar
va 10
nf 10
LP1
DN16

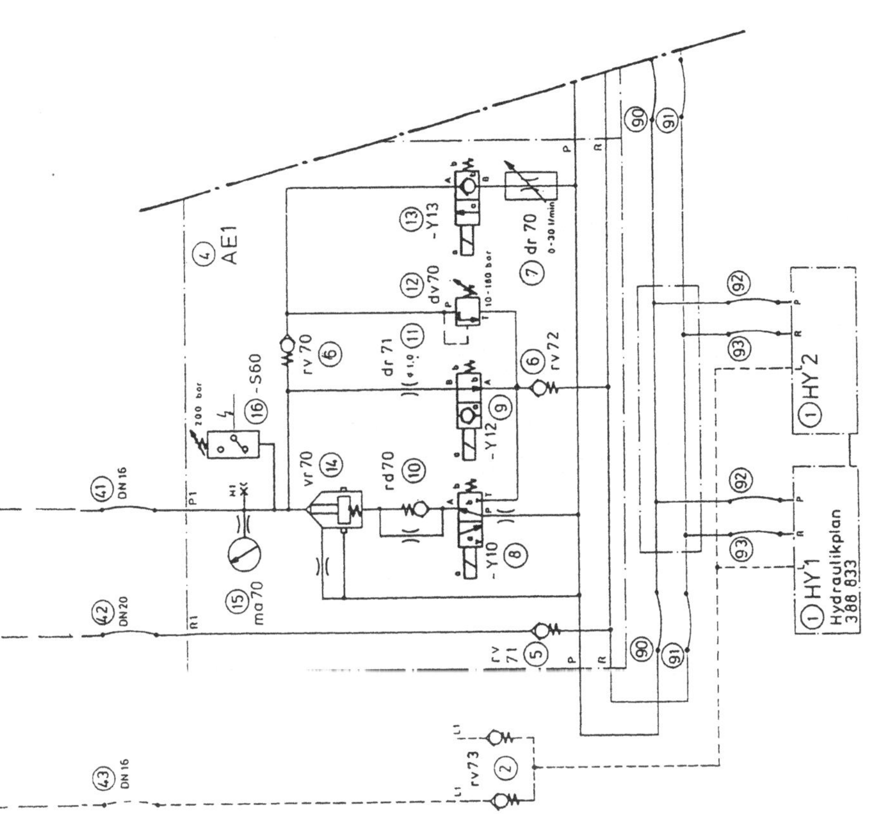

Document 5

Wedergabe sowie Vervielfältigung dieser Unterlage ist nicht gestattet. Alle Eigentums- und Urheberrechte verbleiben bei CARL SCHENCK AG.			Aktenzeichen: P50304435		Zchg. Nr Auftraggeber PMX0001		
Gruppen-Zchg. Nr. PMX0001			Allgemeintoleranzen mittel DIN 7168/1 B DIN 8570 II A DIN 2310 GT DIN	Oberfläche DIN ISO 1302 DIN 4768	Maßstab im Original Werkstoff	Gewicht kg	Stoff-Nr Sachnorm-Sch Fert.-Sch
X				Datum	Name	Benennung a zw hr Firmensprachel	
X			Bearb. 5.3.90	Oberle	Hydraulikplan PMX0001		
X			Gepr.				
X			Norm				
X			Format 1				
X			SCHENCK CARL SCHENCK AG Postfach 4018 · D-6100 Darmstadt 1		Zeichnung Nr. P003 786	Blatt 1	5
X							
Zust	Änderung	Datum Name	Urspr.		Ers für	Ers durch	

MECMAN VERINS HYDRAULIQUES

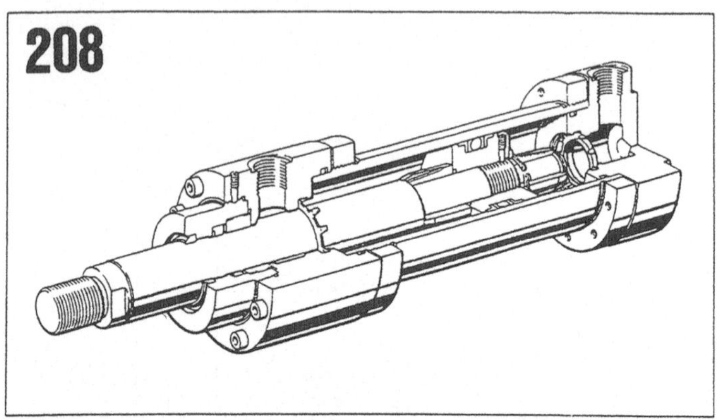

Série de vérins 208 pour l'hydraulique, 25/40 MPa (250/400 bar).

Max 250 bar pour charge alternant continuellement. Max 400 bar pour charge intermittente de courte durée. Vérins hydrauliques "lourds" à double effet. Diamètres d'alésage de 50 à 200 mm. Avec amortisseurs aux extrémités. Courses au choix. Zone de température: de —30°C à +90°C. Pour les diamètres supérieurs à 200 mm se reporter à la série 280/282. La série 208 est construite suivant le standard ISO.

Vérins à double tige de piston.

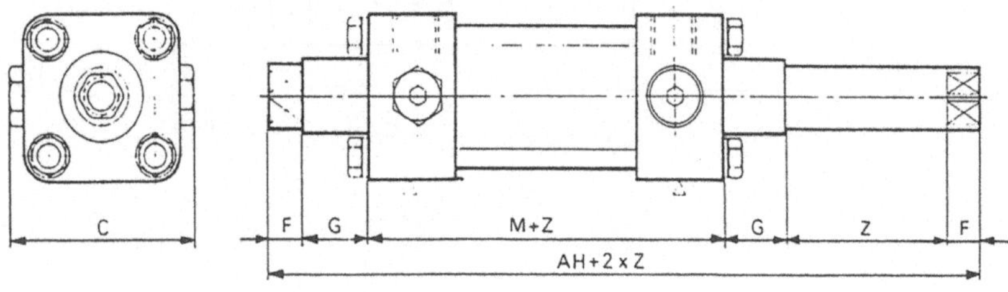

Ø ales mm	Ø tige mm	Courses standard mm*										
		25	50	80	100	125	160	200	250	320	400	500
25	14	●	●	●	●	●	●	●	–	–	–	–
	18	–	–	–	–	–	–	–	–	–	–	–
32	18	●	●	●	●	●	●	●	–	–	–	–
	22	–	–	–	–	–	–	–	–	–	–	–
40	22	●	●	●	●	●	●	●	–	–	–	–
	28	–	–	–	–	–	–	–	–	–	–	–
50	28	●	●	●	●	●	●	●	●	●	–	–
	36	–	–	–	–	–	–	–	–	–	–	–
63	36	–	●	●	●	●	●	●	●	●	–	–
	45	–	–	–	–	–	–	–	–	–	–	–
80	45	–	●	●	●	●	●	●	●	●	●	●
	56	–	–	–	–	–	–	–	–	–	–	–
100	56	–	●	●	●	●	●	●	●	●	●	●
	70	–	–	–	–	–	–	–	–	–	–	–
125	70	–	–	–	●	●	●	●	●	●	●	●
	90	–	–	–	–	–	–	–	–	–	–	–
160	90	–	–	–	–	–	–	–	–	–	–	–
	110	–	–	–	–	–	–	–	–	–	–	–
200	110	–	–	–	–	–	–	–	–	–	–	–
	140	–	–	–	–	–	–	–	–	–	–	–

*Des courses au choix peuvent être obtenues pour tous les diamètres d'alésage. Course mini pour Ø 25 à 40 est de 25 mm.

Document 6

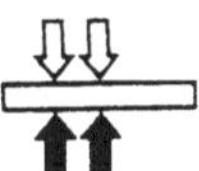

C 2.530

Edition 1-85 F

Distributeur NW 6

Pression de service maximale 315 bars

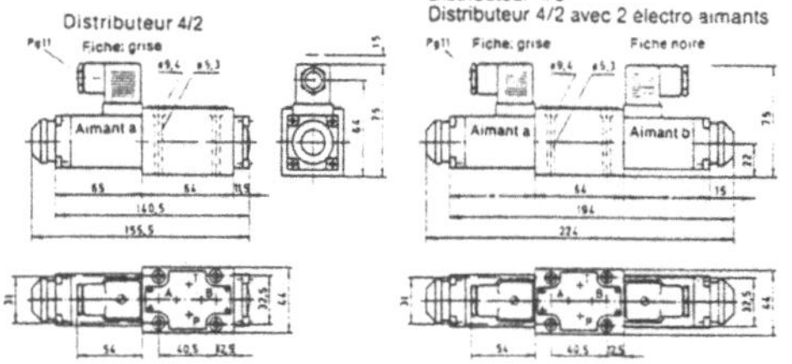

1. Caractéristiques générales

Type:	Distributeur à tiroir à action directe
Commande:	électro-aimant à courant continu ou alternatif, commutation en bain d'huile avec commande de secours
Position des orifices:	Entraxes selon DIN 24340 forme A, CETOP 4.2-4.3, ISO 4401
Type de raccordement:	Plaque de base (voir accessoires)
Etanchéité:	4 joints toriques 9,25 x 1,78 **Référence 3000-077** (compris dans la livraison)
Type de fixation:	4 vis six pans creux M 5 x 50 DIN 912-10.9 Référence 3300-466
Couple de serrage:	9 Nm
Position de montage:	Quelconque

2. Caractéristiques hydrauliques

Fluide:	Huile hydraulique selon DIN 51524 et 51525
Plage de viscosité:	$(2,8 \ldots 380) \cdot 10^{-6}$ m²/s
Température:	$-30 \ldots +70°C$
Pression de fonctionnement:	Orifices A, B, P 315 bars
Pression de retour:	Orifice T pour 245x-120 ...60 bars 245x-220 ...160 bars
Fuites:	...20 cm³/min à 100 bars $\nu = 36 \cdot 10^{-6}$ m²/s et $t = 50°C$
Débit:	...60 l/min
Courbe caractéristique de débit:	Mesurée à $\nu = 36 \cdot 10^{-6}$ m²/s et $t = 50°C$

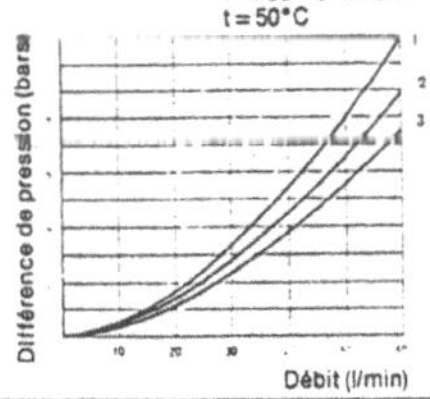

Différence de pression (bars) — Débit (l/min)

Printed in Germany

Désignation	Symbole	Recouvre-ment	Masse (kg)	Tension	Référence
Distributeur 4/2		R —	1,2	220 V~	**2452-120**
				24 V=	**2452-220**
Distributeur 4/2		R —	1,6	220 V~	**2459-120**
				24 V=	**2459-220**
Distributeur 4/3		R —	1,6	220 V~	**2453-120**
				24 V=	**2453-220**
Distributeur 4/3		R —	1,6	220 V~	**2455-120**
				24 V=	**2455-220**
Distributeur 4/3		R —	1,6	220 V~	**2457-120**
				24 V=	**2457-220**

Courbe caractéristique:

1	2455–X20 AB → T, P → A
2	2452–X20 A → T
	2453–X20 P → AB
	2455–X20 P → B
	2459–X20 A → T
3	2452–X20 P → AB, B → T
	2453–X20 AB → T
	2457–X20 P → AB, AB → T
	2459–X20 P → AB, B → T

En déterminant les pertes de charge, il faut considérer, dans le cas du vérin à double effet, le rapport des surfaces. Si, par exemple, celui-ci est de $\varphi = 1,6$, il faut utiliser également un rapport de 1,6 pour le débit de la pompe.

Limite de fonctionnement: Limite de fonctionnement avec les électro-aimant en régime thermique et 10% de sous-tension

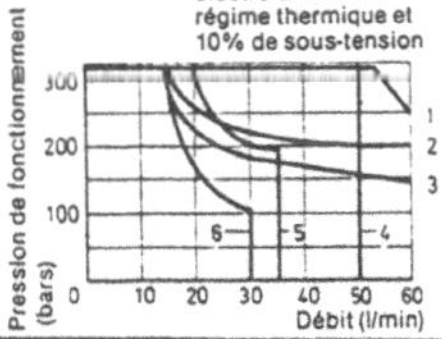

Pression de fonctionnement (bars) — Débit (l/min)

Courbe caractéristique:

1	2452-220, 2459-220
2	2453-120, 2453-220
3	2457-120, 2457-220
4	2452-120, 2459-120
5	2455-220
6	2455-120

Note: A cause de l'effet adhésif, la fonction de commutation des distributeurs dépend du filtrage. Pour profiter des débits maximaux admissibles indiqués, il est recommandé un filtrage à plein débit à 25 μm. Outre cela, ces grandeurs ne sont valables que pour le fonctionnement normal avec deux sens de débit, p. ex. de P vers A avec retour simultané de B vers T.

3. Caractéristiques électriques

3.1 électro-aimant à tension alternative

Avantages:	Grande facilité pour constituer le circuit de commutation électrique. Périodes de commutation réduites
Inconvénients:	Commutation pénible. Sensibilité aux sous- et sur-tensions en cas de blocage mécanique, la bobine se détériore.
Tension nominale:	220 V~ ; 50 Hz
Démarrage:	130 VA
Puissance de maintien:	46 VA
Temps de travail:	100%

Distributeur 4/2　Pg11　Fiche: grise

Distributeur 4/3
Distributeur 4/2 avec 2 électro-aimants
Pg11　Fiche: grise　Fiche noire

RÖMHELD FRANCE

B.P. 114 – 91004 ÉVRY CEDEX
Téléphone (6) 07 79 90 91 – Telex 691 859

Document 7

Servo-valve électrohydraulique éxécution industrielle 2 étages

Série HVM 055 / 056 / 057

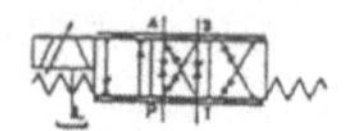

Schéma selon DIN 24 300

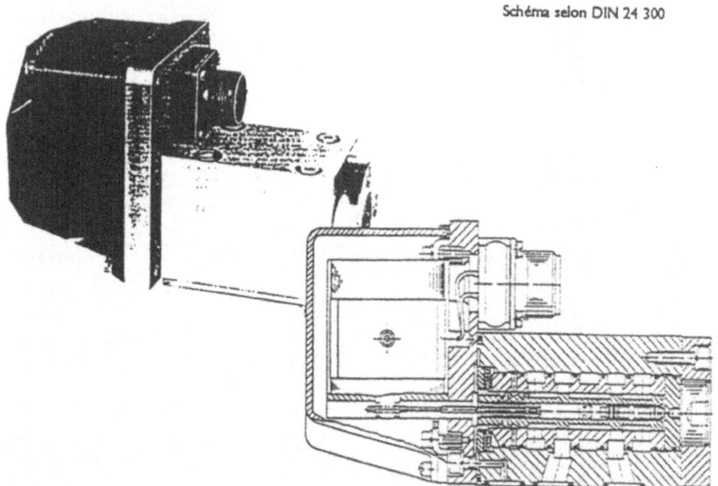

Caractéristiques hydrauliques (Definition selon VDMA 24311)

.1	Pression nominale	P_N	$= 210$ bar
.2	Pression d'utilisation mini	$P_{b\,min}$	$= 10$ bar
	maxi	$P_{b\,max}$	$= 315$ bar
.3	Pression maximale (en statique)	P_{max}	$= 450$ bar
.4	Débit nominal pour $\Delta p = 70$ bar	Q_N	$= 10, 20, 30, 40$ l/mn
.5	Débit nul pour P_N	$Q_{o1} - Q_{o2}$	$\Leftarrow 4\%$
.6	Débit de fuite interne pour PN		$\Leftarrow 50$ cm^3/mn
.7	Hystérésie	H	$< 4,5\%$ i_N (sans dither)
			$< 2\%$ i_N (avec dither)
.8	Sensibilité de réponse	E	$< 0,2\%$ i_N (sans dither)
.9	Fourchette de retournement	S	$< 1\%$ i_N (sans dither)
.10	Erreur de linéarité		$< 5\%$ i_N
.11	Symétrie de débit $-Q_N$ à $+Q_N$		$< 10\%$ i_N
.12	Gain de pression (voir diagramme)	V_p	$>$ $0,4\,P_s/1\%\,i_N$
.13	Recouvrement standard	h	$= -1 ... +3\%\,i_N$
.14	Température d'utilisation	d_u	$= 253 ... 353$ K
.15	Plage de viscosité du fluide	ν mini	$=$ 10 cm^3/s
		ν maxi	$=$ 1.000 cm^2/s
.16	Filtration du fluide		< 10mm classe 4 ... 5 selon NAS 1638
.17	Fluide standard d'utilisation		$=$ huiles hydrauliques standard suivant DIN 51.519 nous consulter pour autres fluides

Pour le modèle HVM 055 - 20 :

$100\% \ i_N = 300$ ma et $100 \% \ Q = 20$ l/mn

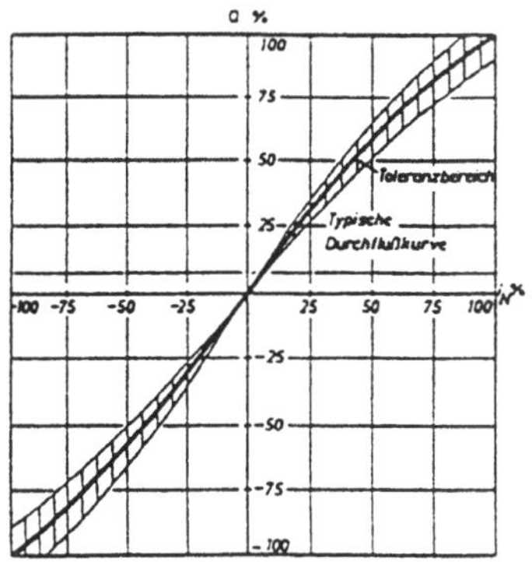

Fonction débit Q=f(i) pour ΔP=const.

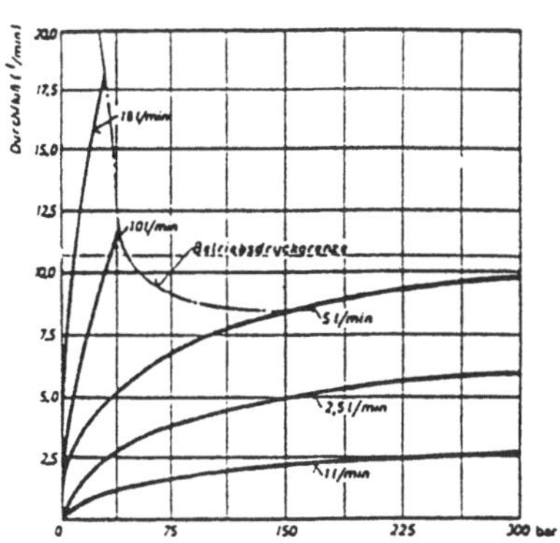

Réponse fréquentielle HVM 055 - 20

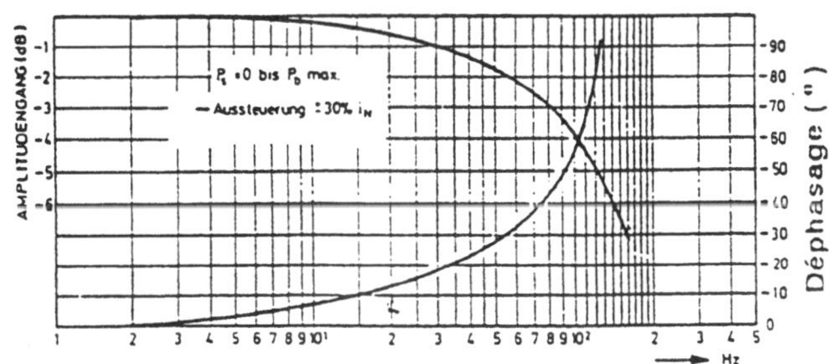

Réponse indicielle HVM 055 - 20

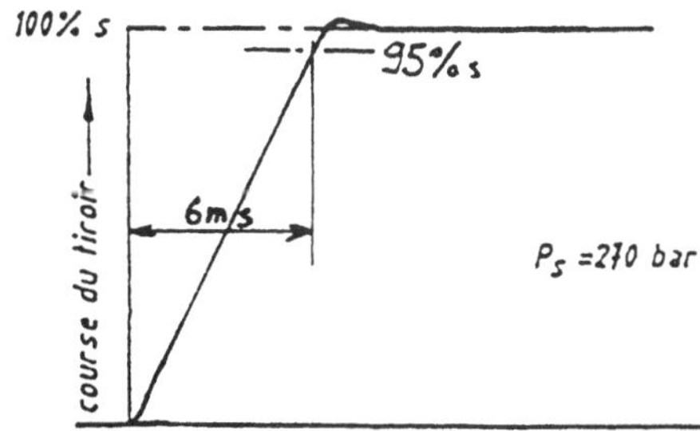

Document 8

Epreuve de physique 1997

CREATION ET REGULATION D'UN CHAMP MAGNETIQUE

L'usage de calculatrices électroniques de poche à alimentation autonome, non imprimantes et sans document d'accompagnement, est autorisé pour toutes les épreuves d'admissibilité, sauf pour les épreuves de français et de langues. Cependant, une seule calculatrice à la fois est admise sur la table ou le poste de travail, et aucun échange n'est autorisé entre les candidats.

A. Etude de l'électro-aimant.

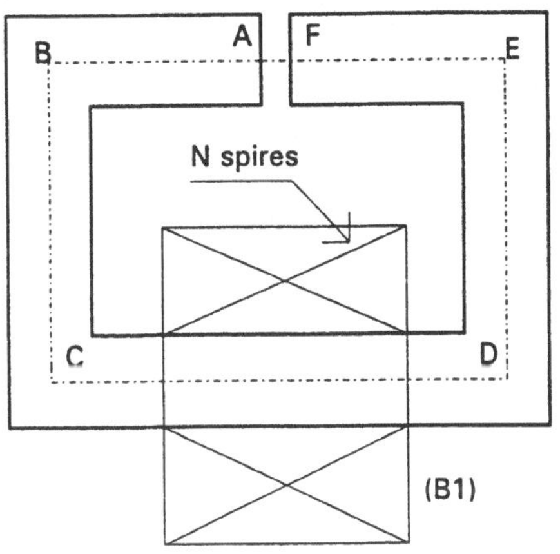

Figure 1.

On souhaite créer, dans l'entrefer d'un électro-aimant de laboratoire, un champ magnétique $\vec{B}$ présentant une valeur stable bien déterminée et éventuellement réglable. Le système étudié est modélisé par le schéma de la figure 1. La section, constante, de la partie ferromagnétique est $S = 14,5$ cm^2. On supposera dans la suite que le vecteur champ magnétique est orthogonal à toute section droite du circuit, qu'il est constant en module et à répartition uniforme en module dans l'ensemble du matériau magnétique. La perméabilité relative du matériau magnétique, supposé homogène et isotrope est constante et égale à $\mu_r = 1200$. La longueur moyenne de la partie [ABCDEF] est $l = 0,87$ m. L'entrefer, AF = e, a pour valeur

3,5 mm; on suppose que dans celui-ci les lignes de champ sont des droites parallèles. On a bobiné autour du tronçon CD, N = 175 spires de fil jointives qui seront parcourues par un courant i, constituant une bobine (B1) dite d'excitation.

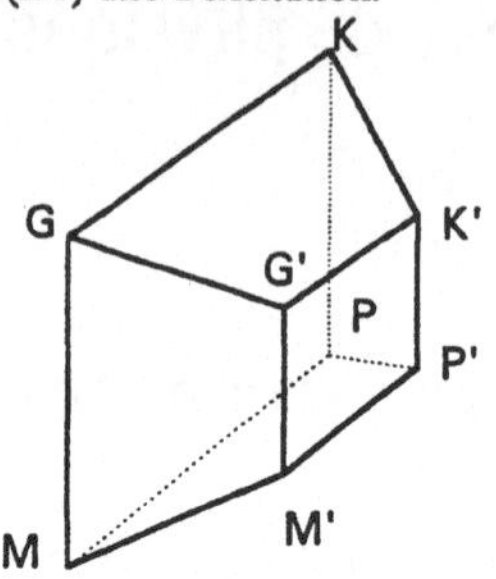

Figure 2a.

1°) La valeur du courant est i = 12,3 A, quelle relation peut-on écrire entre l'excitation magnétique H_e dans l'entrefer et l'excitation magnétique H_f dans la partie ferromagnétique ? Quelle est la valeur du champ magnétique $\bar{B}$ dans l'entrefer ?

2°) On utilise pour créer l'entrefer deux pièces en tronc de pyramide conformes au schéma de la figure 2a). On les place sur le circuit comme l'indique la figure 2 b) ; on suppose que leur insertion ne modifie ni la valeur de l, ni celle de e, ni la perméabilité μ_r. En outre on supposera que les lignes de champ sont toujours parallèles dans l'entrefer en négligeant ainsi l'effet d'épanouissement dû à la forme de ces pièces.

Quelle est la nouvelle valeur de B dans l'entrefer si la section G'K'P'M' a pour surface 6,6 cm^2? Quel avantage présente un tel dispositif ?

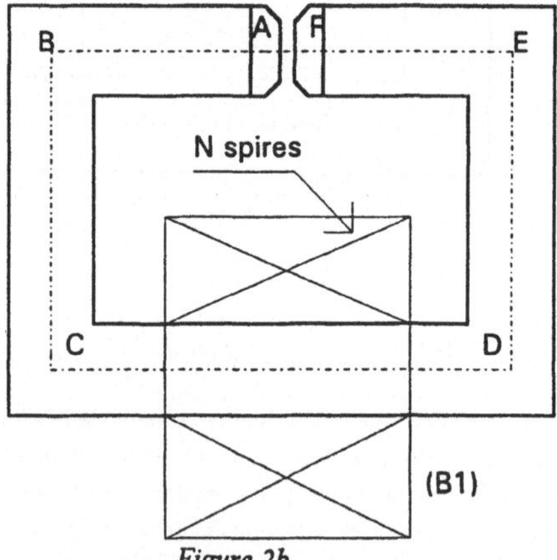

Figure 2b.

3°) L'alimentation de (B1) est réalisée au moyen d'une source de tension dépourvue de résistance interne (S) et présentant une fém dont la valeur en fonction de t est donnée par :

$$e(t) = E_0 + E_M . \sin(\omega t)$$

$E_0 = 120\,V$; $E_M = 60\,V$; $\omega = 300\,rad/s$

La résistance du circuit contenant la bobine est R = 9,75 Ω et son inductance L = 13,2 mH . Déterminer l'expression et l'allure du courant dans (B1) . Quelle est l'amplitude crête à crête des variations de courant ? Quelle est la variation relative de B qui en résulte ?

B. Alimentation par convertisseur statique

Pour pallier l'inconvénient précédent (d'autant plus grave que l'on souhaite alimenter la bobine avec une valeur moyenne de e(t) réglable, ce qui peut conduire à une amplitude relative de l'ondulation de 100%) on met en œuvre le montage ci-après. A partir d'une source (S) convenablement filtrée par une interface (Int) on insère un convertisseur statique (Cmt) constitué de deux interrupteurs (K1) et (K2) branchés comme l'indique la figure 3 :

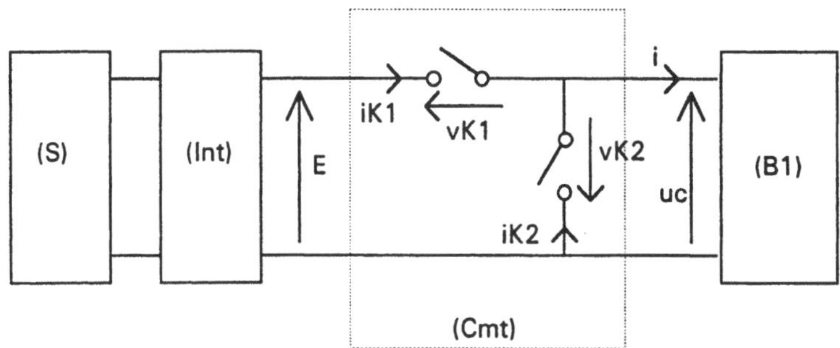

Figure 3.

La source (S) alimente le montage par l'intermédiaire d'une interface (Int) qui permet d'obtenir en sortie une tension constante E quelle que soit la charge à ses bornes : l'ensemble constituera un générateur de tension parfait. La bobine (B1) sera équivalente à une charge R, L série dont les valeurs sont R = 9,75 Ω et L = 13,2 mH .

1°) *Fonctionnement de la cellule de commutation*

    a) Quels sont les états de fonctionnement autorisés pour les interrupteurs (K1) et (K2), compte tenu des propriétés de la source et de la charge ?

    b) En régime permanent, de période T , on envisage le fonctionnement suivant :

Le courant i(t) dans la charge évolue entre deux valeurs I_m (minimum) et I_M (maximum). De t = 0 à t = αT , l'interrupteur (K1) est fermé, (K2) est ouvert et i(0) = I_m et de t = αT à t = T l'interrupteur (K1) est ouvert, (K2) fermé et i(αT) = I_M .

    Donner sans calcul et en les justifiant brièvement les allures des courants et tensions suivants en fonction du temps:

$$i_{K1}, \; i_{K2}, \; v_{K1}, \; v_{K2}, \; i \; et \; u_c.$$

    c) Compte tenu des contraintes en tension et courant que les graphes précédents font apparaître préciser quelle est la nature des interrupteurs les plus simples (K1) et (K2) et donner le schéma complet correspondant.

2°) *Aspects électrocinétiques.*

    a) Quelles sont les deux équations différentielles relatives à i(t) caractérisant le fonctionnement au cours de ces deux séquences?

b) Déterminer les expressions de I_m et I_M en fonction de E, R, α, T et $\tau = \dfrac{L}{R}$.

c) On suppose que l'on fait varier la fréquence f de hachage $\left(f = \dfrac{1}{T} \right)$ de telle sorte qu'on puisse considérer que $\dfrac{T}{\tau} << 1$. Effectuer un développement limité de I_M et I_m au premier ordre en $\dfrac{T}{\tau}$ (c'est à dire que I_m par exemple sera mis sous la forme : $A + B\dfrac{T}{\tau}$ où A et B sont des fonctions de α , E, R.). Déterminer les expressions de I_m et I_M correspondantes et en déduire l'expression de l'ondulation absolue de courant i, soit $\delta i = I_M - I_m$, en fonction de E, T, L et α.

d) On a effectué divers relevés expérimentaux (figures 4 , 5, 6 en annexe). Déterminer pour chaque relevé:
- la valeur de E,
- la valeur de α et de la fréquence.
Déduire de ces relevés:
- les valeurs de R et de L communes à ces relevés oscillographiques,
- dans le dernier relevé, les valeurs de I_m et I_M sont-elles concordantes avec les résultats des questions 2b et 2c ?

3°) *Aspects énergétiques.*

On se fixe L = 13,2 mH et on ajuste R à la valeur 10Ω . D'autre part E = 120 V.

a) Quelle est, sur une période, la loi de variation de la tension $u_c(t)$ aux bornes de la charge? Préciser sa valeur moyenne; dépend-elle de la fréquence?
Application numérique : $\alpha_1 = (1/3)$ et $\alpha_2 = (2/3)$.

b) Calculer la valeur moyenne du courant i(t) pour chacune des deux valeurs précédentes du rapport cyclique. Comparer cette valeur moyenne à la quantité $\dfrac{I_m + I_M}{2}$ pour les deux valeurs de fréquences : f' = 1kHz et f = 20 kHz (on donnera l'écart relatif en %).

c) Quelle est l'expression de la valeur moyenne P_S de la puissance $p_S(t)$ fournie par la source ? (on cherchera à exprimer cette puissance en fonction de α, E, R, L, T et éventuellement I_m et I_M.). On comparera les valeurs de P_S obtenues pour les deux valeurs de f précitées avec celles que l'on obtient en linéarisant par morceaux la fonction courant i(t).
Analyser la puissance mise en jeu dans la charge $P_C = \dfrac{1}{T}\displaystyle\int_0^T u_c.i.dt$. En déduire l'expression et la valeur numérique de la valeur efficace I_{eff} du courant i.

4°) Pour étudier le régime transitoire consécutif au changement de rapport cyclique, on utilise, dans certains cas, un modèle dit aux valeurs moyennes conforme à la figure 7.

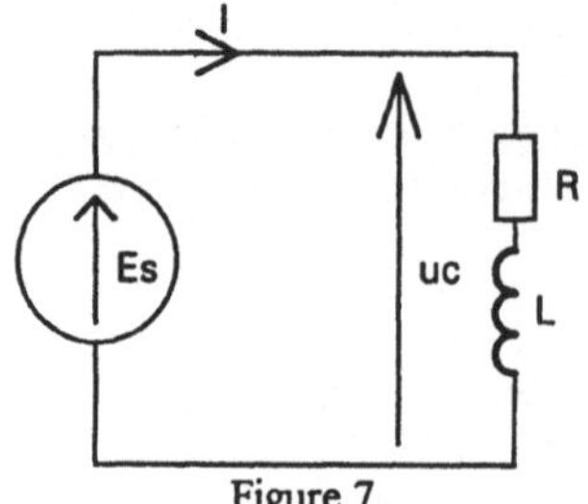

Figure 7.

Dans ce schéma la source de tension représente une source de fém Es = αE où α est variable dans le temps.

4.1. Quelle fonction de transfert $T_i(p) = \dfrac{I(p)}{\alpha(p)}$ peut-on écrire dans le cadre de cette modélisation ?

4.2. Dans le cadre de ce modèle donner la loi d'évolution de I(t) quand $\alpha(t)$, initialement en régime établi à une valeur α_1, passe instantanément (à t = 0) à une valeur α_2 constante. Pour f = 20 kHz, L = 13,2 mH; R = 10 ohms et dans les cas $\alpha_1 = (1/3)$ et $\alpha_2 = (2/3)$, donner la loi d'évolution de I en fonction du temps et tracer le graphe correspondant.

C. Sonde de Hall

On désire générer un signal électrique sous la forme d'une tension proportionnelle au champ magnétique dans l'entrefer. Pour ce faire, on place entre les pièces polaires un circuit comprenant un ruban de matériau conducteur, de forme parallélépipédique, d'épaisseur δ faible devant la largeur L. La direction du champ magnétique $\vec{B}$ supposé uniforme est perpendiculaire aux faces du ruban (figure 8)

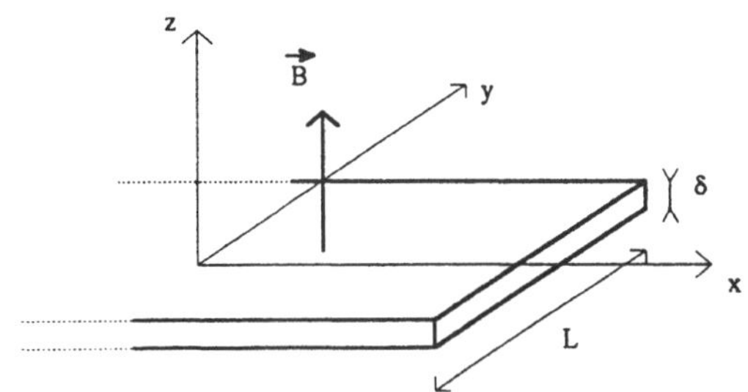

Figure 8 : sonde de Hall

Un courant d'intensité $I_0 = 1A$ circule dans le ruban selon la direction Ox, on pourra supposer sa répartition uniforme dans une section du ruban et on modélisera les interactions entre les porteurs de charge et le réseau cristallin par une force de frottement fluide $(-\alpha\vec{v})$. On notera la charge des porteurs libres : q, leur masse m et leur densité volumique n.

1°) Montrer qu'il existe en régime permanent une différence de potentiel transversale

$V_T = V_A - V_B$ où A et B sont deux points de même abscisse x et d'ordonnées respectives $-\dfrac{L}{2}$

et $\dfrac{L}{2}$.

2°) Pour un sens de courant et de champ magnétique donnés, quelle information concernant le phénomène de conduction apporte le signe de cette différence de potentiel ?

3°) On peut utiliser deux matériaux : l'un qualifié de *conducteur métallique*, l'autre de *semi-conducteur*, dont les caractéristiques sont les suivantes

	n : densité en m^{-3}	q	conductivité $\sigma(\Omega^{-1}m^{-1})$
conducteur métallique	$7\cdot10^{28}$	$-1,6\cdot10^{-19}\,C$	$6\cdot10^7$
semi-conducteur	$2\cdot10^{22}$	$1,6\cdot10^{-19}\,C$	10^2

La masse des porteurs est dans tous les cas de l'ordre de 10^{-30} kg.

  a) Afin d'obtenir une sensibilité (en volt par tesla) maximale pour ce capteur, quel matériau doit-on préférer ?

  b) De même, est-il préférable d'utiliser une épaisseur $\delta = 10^{-4}$ m ou 10^{-3} m ?

c) On effectue dorénavant les choix préconisés ci-dessus, exprimer la sensibilité d'une telle sonde.

4°) On désire se prononcer sur le *temps de réponse* du capteur, défini comme la durée au bout de laquelle l'information de tension est disponible après établissement du champ magnétique. Dans l'application envisagée, on constate par ailleurs que les constantes de temps mises en jeu sont supérieures à la centaine de microseconde. Avec les données ci-dessus, dire en le justifiant si l'on peut considérer la réponse de la sonde comme instantanée. Dans le cas contraire, doit-on considérer la réponse de la sonde comme le phénomène limitant la rapidité du système ?

5°) Quelle tolérance $\dfrac{\Delta x}{L}$ sur la différence des abscisses des points A et B (notée Δx) doit-on imposer, si l'on désire que la tension longitudinale lue pour une valeur de champ magnétique nulle soit inférieure au 1/100 de la tension transversale obtenue pour 1 tesla ? Conclure.

D. Régulation du champ magnétique

On s'intéresse dans cette partie à la régulation de l'intensité B du champ magnétique dans l'entrefer ; on dispose d'une grandeur ramenée U_r proportionnelle à B ($U_r = k \cdot B$) où k est supposée invariable quelles que soient les conditions de fonctionnement. L'utilisateur peut choisir une tension de consigne U_c et on désire obtenir une loi de commande $B = f(U_c)$ linéaire de pente $m = 0,22\,\mathrm{T} \cdot \mathrm{V}^{-1}$ avec une tolérance sur cette valeur de 1%.

La structure de la boucle d'asservissement est proposée figure 9 : F est un système linéaire de grandeur d'entrée $U_e = U_c - U_r$ et de grandeur de sortie α : rapport cyclique du hacheur étudié partie *B*. On admettra dans la suite que la relation entre α et B est linéaire de fonction de transfert $\dfrac{A}{1+\tau p}$ où le coefficient A, du fait de variations des conditions de fonctionnement du dispositif, peut prendre sa valeur dans l'intervalle $\left[A_0 - \Delta A, A_0 + \Delta A\right]$ avec $A_0 = 1,37\mathrm{T}$ et $\Delta A = 0,1\mathrm{T}$. En outre, $\tau = 1,32\,\mathrm{ms}$.

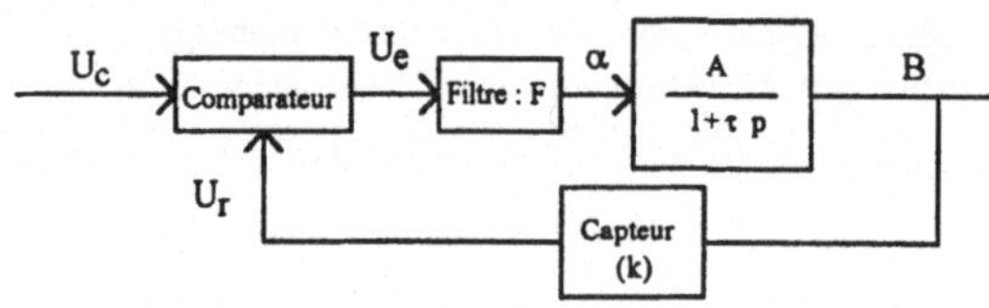

Figure 9

On désire déterminer la structure du filtre F et la valeur qu'il convient de donner à k.

1°) *Solution proportionnelle*

Le filtre F le plus simple envisageable est un opérateur "multiplication de gain K" : $\alpha = KU_e$ (valeur limitée à $\alpha_{Max} = 0,9$ par une saturation).

    a) Déterminer alors les valeurs de k et K qui conviennent en régime permanent.

    b) Si l'on modifie instantanément la consigne de 4 à 4,5 volts (A valant $A_0 = 1,37\mathrm{T}$), décrire le comportement du système et tracer l'évolution de B au cours du temps.

2°) *Correction intégrale*

On se propose maintenant d'utiliser une relation intégrale pour F : $a\dfrac{d\alpha}{dt} = U_e$.

    a) Reprendre le calcul de k en régime permanent.

Afin de préciser la valeur de a, on désire raisonner sur les performances dynamiques de ce système à partir des propriétés de son équation différentielle. L'essai utilisé est *l'essai de lâcher*, défini de la façon suivante : la grandeur de consigne ayant une valeur donnée et constante U_{c0}, on suppose qu'à l'instant initial, la sortie n'a pas la valeur correspondante $B_0 = m \cdot U_{c0}$, mais une valeur $B(0) = B_0 + y(0)$ avec une dérivée temporelle $\frac{dy}{dt}(0) = 0$. On observe alors au cours du temps l'évolution de $y(t)$: écart entre $B(t)$ et B_0.

N.B. : On rappelle que pour une équation différentielle linéaire à coefficients constants satisfaite par $y(t)$, on entend par *équation caractéristique* l'équation algébrique vérifiée par le scalaire r tel que $y(t) = e^{rt}$ soit solution.

 b) Déterminer l'équation caractéristique du sytème précédent. On suppose ici que la constante A vaut A_0.

 c). Discuter, selon les positions dans le plan complexe des racines de l'équation caractéristique, quel type d'évolution on observe. Pour chaque cas envisagé, on indiquera schématiquement la position des racines, l'allure de l'évolution de $y(t)$ et celui de la trajectoire dans le plan de phase $\left(y(t), \frac{dy}{dt}(t) \right)$ Quels sont les régimes à éviter impérativement ici ?

 d) On désire que l'évolution de $y(t)$ pour le système étudié soit de type apériodique critique, en déduire la valeur de a et représenter l'évolution du rapport $y(t) / y(0)$.

 e) Définir et calculer le temps de réponse à 90% du système.

3°) *Immunité aux perturbations*

 Le système déterminé dans la question précédente étant supposé à l'équilibre pour une consigne $U_c = 4\,V$ maintenue constante ; on suppose que, du fait de la variation de la tension d'alimentation E, la valeur de A passe de A_0 à $A_0 + \Delta A$.

 a) Décrire l'évolution du système, représenter notamment l'évolution de $B(t)$.

 b) Sans utiliser de calcul, préciser si la valeur finale de B sera différente de celle correspondant à U_c.

ANNEXE 1

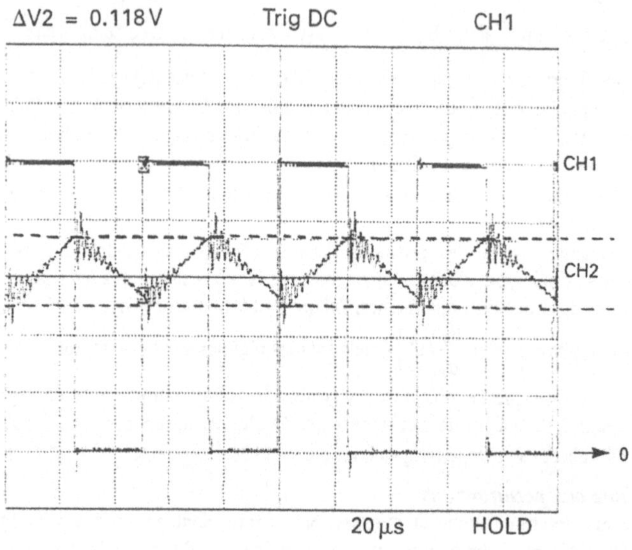

Figure 4

Voie CH1 : tension $u_c(t)$ 25 volts par division
Voie CH2 : intensité du courant $i(t)$ (mode AC) La sonde de courant a une sensibilité de 1 volt par ampère. La mesure oscilloscopique entre les deux traits pointillés horizontaux permet de relever $\Delta V_2 = 0{,}118\,\text{V}$.
Base de temps : 20μs par division.

ANNEXE 2

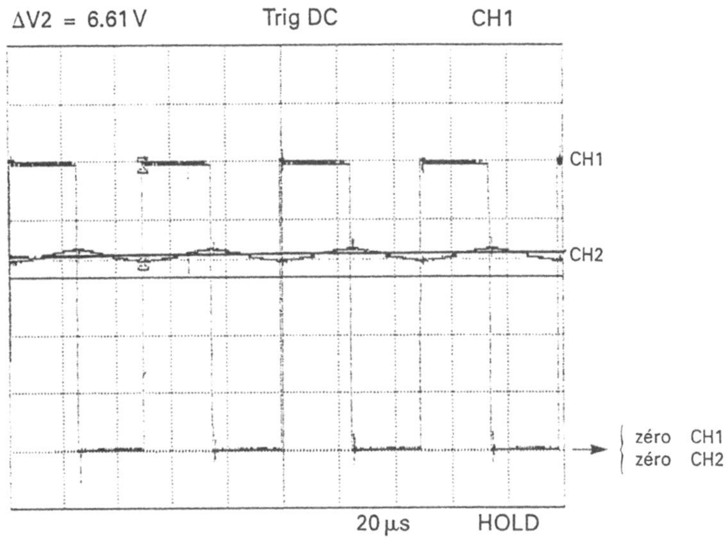

Figure 5

Voie CH1 : tension u_C(t) 25 volts par division
Voie CH2 : intensité du courant i(t) 2   volts par division. La sonde de courant utilisée
est la même que précédemment.
Base de temps : 20µs par division .

ANNEXE 3

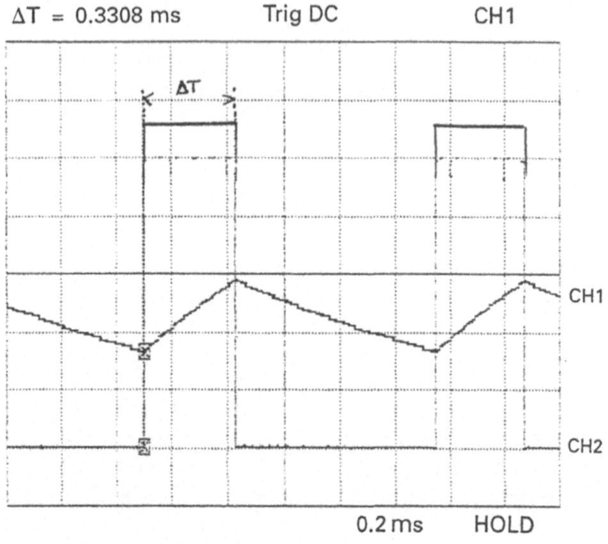

Figure 6

Voie CH1 : tension $u_c(t)$ 12,5 volts par division
Voie CH2 : intensité du courant i(t) 1V par division (la sonde de courant a une sensibilité de 1 volt par ampère).
Base de temps : 200µs par division .

Epreuve de modélisation 1997

L'usage de calculatrices électroniques de poche à alimentation autonome, non imprimantes et sans document d'accompagnement, est autorisé pour toutes les épreuves d'admissibilité, sauf pour les épreuves de français et de langues. Cependant, une seule calculatrice à la fois est admise sur la table ou le poste de travail, et aucun échange n'est autorisé entre les candidats.

VITESSE D'UN FRONT DE FLAMME

Quoi de plus banal que d'allumer le gaz, et pourtant...

On considère la réaction de combustion du méthane :

$$CH_4 + 2O_2 \longrightarrow CO_2 + 2H_2O.$$

I. Étude chimique préliminaire

I.1. *Enthalpie de réaction.*

   I.1.1. Calculer l'enthalpie standard de réaction à $T_0 = 298$ K. On donne les enthalpies standard de formation à T_0 des produits suivants :
CO_2 : -394 kJ·mol^{-1} ;
H_2O : -242 kJ·mol^{-1} ;
CH_4 : -73 kJ·mol^{-1}.

   I.1.2. On appellera dorénavant Q l'opposée de l'enthalpie standard de réaction. Calculer $\hat{q} = Q/RT_0$.

La réaction doit-elle être considérée comme faiblement, moyennement ou fortement exothermique ?

   I.1.3. Citer une réaction de combustion qui, par unité de masse du combustible, est plus exothermique. En donner une application en aéronautique.

On rappelle pour mémoire $R = 8{,}31$ J·K^{-1}·mol^{-1},
$$M = 16 \text{ g·mol}^{-1} \quad \text{pour } CH_4,$$
$$2 \text{ g·mol}^{-1} \quad \text{pour } H_2.$$

I.2. *Température de flamme.*

La réaction de combustion a lieu dans un tube calorifugé de section uniforme S, où les gaz frais entrent mélangés et très dilués dans un gaz parfait inerte (de l'azote), qui joue le rôle de ballast thermique ; sa capacité calorifique molaire sera prise constante, égale à $C_P = \dfrac{7}{2} R$.

   I.2.1. Sans l'existence de ce ballast thermique, quelle température approximative auraient les gaz sortants ? Quels phénomènes viendraient en fait limiter cette température ?

   I.2.2. En régime stationnaire, les gaz entrent avec la vitesse V_0, sous la pression $P_0 = 1$ bar, et à la température $T_0 = 298$ K. La fraction molaire X_0 du méthane est petite, l'oxygène est en léger excès. La combustion complète s'effectue dans une petite région (étudiée dans la seconde partie du problème) et les gaz sortent sous la pression $P_s = P_0 = 1$ bar, à la température de sortie T_s, avec la vitesse V_s.

Calculer la masse volumique ρ_0 d'entrée.

Donner la relation liant ρ_s, ρ_0, T_0, T_s.

Donner la relation liant V_s, V_0, T_0, T_s.

   I.2.3. Les vitesses V_0 et V_s restant inférieures au mètre par seconde dans une combustion lente, montrer que l'énergie cinétique des gaz joue un rôle négligeable devant le « dégagement de chaleur ».

En régime stationnaire, en déduire la relation donnant le rapport T_s/T_0 en fonction de X_0 et de $\hat{q}$.

Application numérique : $X_0 = 10^{-2}$; $X_0 = 5 \cdot 10^{-2}$.

I.3. *Cinétique chimique.*

I.3.1. La réaction d'oxydation du méthane est-elle simple ? À quoi attribuer la couleur bleue de la zone de combustion ?

I.3.2. Juste afin d'obtenir des ordres de grandeur, on considère schématiquement la réaction simple $A + B \longrightarrow$ Produits (par exemple $H_2 + I_2 \longrightarrow 2\,HI$). Le nombre de collisions ν, entre A et B, par unités de temps et de volume (en $s^{-1}\cdot m^{-3}$), dues à l'agitation thermique est très intuitivement $\nu = k\,[A]\,[B]$, $[A]$ et $[B]$ en $mol\cdot m^{-3}$ (unité usuelle des physiciens).

On écrit souvent $k = \sigma\,\nu_r\,\mathcal{N}^2$,

$\mathcal{N}$ étant le nombre d'Avogadro, σ une surface, ν_r une vitesse relative. Donner un ordre de grandeur de σ, ν_r donc de k.

I.3.3. Si $[B]_0 \geqslant [A]_0$, et si toutes les collisions étaient chimiquement efficaces, cette modélisation conduirait à une cinétique d'ordre apparent égal à 1, $\dfrac{d}{dt}[A] = -k_0\,[A]$, de constante de temps égale environ à 1 nanoseconde.

Ce résultat doit être corrigé du « facteur d'Arrhénius », $e^{-\frac{E_0}{RT}}$. En prenant une énergie d'activation $E_0 = 92\,RT_0$, que vaudrait la constante de temps pour $T = T_0$, $T = 2\,T_0$, $T = 10\,T_0$?

I.3.4. Dans la question I.2.3., la valeur $X_0 = 0{,}1$ donne environ $T_s = 10\,T_0$. Commenter la notion de température d'ignition et l'usage d'un briquet ; commenter la notion de « trempe chimique ».

I.3.5. On tente une modélisation de l'élévation de température en la restreignant à une évolution du type :

$$\frac{d}{dt}T = \frac{T_0}{\tau_0}\exp\frac{T}{T_0} \;; \quad t = 0,\ T(0) = T_0 ;\quad \tau_0 \text{ désignant un temps}.$$

Montrer qu'un tel modèle conduit à une situation irréaliste.

> *CONCLUSION. – Il va falloir tenir compte de l'épuisement du combustible, de sa diffusion (de Fick) et de la diffusion de « la chaleur » (loi de Fourier).*

II. ÉTUDE DE LA FLAMME

Toute l'étude est faite en régime stationnaire.

Le modèle, dit unidimensionnel, suppose que toute section droite est uniforme : soit un axe $x'Ox$ orienté selon l'axe du tube, toute grandeur ne peut dépendre que de x.

On veut en particulier étudier ici les profils de la température $T(x)$ et de la fraction molaire $X(x)$ du combustible le long du tube.

La zone de combustion chimique est une zone très étroite : $0 \leq x \leq \delta$. On prendra $\delta = 10\ \mu m$. Dans cette zone, la température monte de la température T_i, dite d'ignition ($T = T_i$ en $x = 0$) jusqu'à la température de flamme T_s ($T = T_s$ en $x = \delta$) et alors tout le combustible est épuisé : $X(\delta) = 0$.

Pour $T < T_i$ (donc $x < 0$), on considère pour simplifier qu'il n'y a aucun dégagement d'énergie chimique significatif. Mais, à cause de la diffusion de chaleur, il existe une zone dite de préchauffage où la température monte de T_0 à T_i.

II.1. *Étude du profil de température* $T(x)$.

On admet la loi de Fourier reliant la densité du « courant de chaleur » J_Q au gradient de température : $J_Q = -\lambda \dfrac{dT}{dx}$. La conductivité λ sera considérée comme constante.

II.1.1. Montrer que pour $x < 0$, $T(x)$ satisfait l'équation :

$$\frac{d}{dx}\left(\rho V \frac{C_P T}{M} - \lambda \frac{dT}{dx}\right) = 0.$$

II.1.2. En remarquant que $\rho(x)\, V(x) = \rho_0 V_0 = c^{\text{ste}}$, montrer que le rapport de la diffusivité thermique $D = \dfrac{\lambda M}{\rho C_P}$ à la vitesse des gaz V, définit une grandeur $a = \dfrac{D}{V}$ constante.

II.1.3. En déduire $T(x)$ pour $x \le 0$ en supposant le tube assez long du côté des x négatifs. Que veut dire « assez long » ?

Calculer $\dfrac{dT}{dx}$ en $x = 0$.

II.1.4. On peut démontrer que $T(x)$ est monotone non décroissante. Justifier $\dfrac{dT}{dx} = 0$ en $x = \delta$.

Tracer qualitativement $T(x)$ avec $a = 50\ \mu\text{m}$, $\delta = 10\ \mu\text{m}$, $T_s = 5\,T_0$, et $T_i \sim 0{,}99\,T_s$ (on verra plus loin pourquoi $T_i \# T_s$ quand l'énergie d'activation est élevée).

II.2. *Étude du profil de la fraction molaire* $X(x)$.

Bien sûr, en régime stationnaire $X(x)$ ne dépend pas du temps. Et évidemment $X(x)$ est monotone non croissante. Donc $X(x) = 0$ si $x \ge \delta$. Le combustible A est bien sûr convecté avec le gaz en mouvement, mais d'autre part, au sein même de ce gaz, diffuse selon une loi du type de celle de Fick : la densité de courant particulaire $\mathscr{J}_A$ est proportionnelle au gradient de la fraction molaire, $\mathscr{J}_A = -D' \dfrac{\rho}{M} \dfrac{dX}{dx}$.

On appelle nombre de Lewis $\mathscr{L}$ le rapport D/D'.

II.2.1. Quel est l'ordre de grandeur de $\mathscr{L}$? Si le combustible est de l'hydrogène, $\mathscr{L}$ est-il plus petit ou plus grand qu'avec le méthane ?

II.2.2. Un résultat récent des méthodes mathématiques de la physique a été de trouver que, pour $\mathscr{L} \ge 1$, la théorie de cette flamme unidimensionnelle avait une solution unique (ce n'est pas le cas si $\mathscr{L} < 1$!). Tracer qualitativement $X(x)$ pour $\mathscr{L} = 2$, avec $X_0 = 0{,}04$ et on considérera que $X(0) \simeq 10^{-2} X_0$.

II.2.3. Constater que pour $x < 0$, $H(x) = C_P\,T(x) + Q\,X(x)$ n'est pas constant (si $\mathscr{L} \ne 1$).

II.3. *Couplage entre* $T(x)$ *et* $X(x)$.

II.3.1. Bien sûr pour $0 < x < \delta$, les deux équations différentielles gouvernant $T(x)$ et $X(x)$ sont couplées par la réaction chimique exothermique, qui consomme du combustible et libère de l'énergie chimique. Dans cette zone, on négligera tout phénomène de dilatation, car l'élévation de température y est relativement faible : on posera donc partout $\dfrac{d\rho}{dx} = 0$. Écrire ces deux équations sous la forme :

$$\rho V \frac{C_P}{M} \frac{dT}{dx} - \lambda \frac{d^2 T}{dx^2} = \dots$$

$$V \frac{dX}{dx} - D' \frac{d^2 X}{dx^2} = \dots$$

II.3.2. Montrer que le couplage s'élimine en faisant apparaître $H(x) = C_p\, T(x) + Q\, X(x)$, et en intégrant de $x = -\infty$ à $x = +\infty$, retrouver le résultat de la question I.2.3. Que signifie « de $-\infty$ à $+\infty$ » en pratique pour le physicien ? Puis commenter la question II.2.3.

III. ÉTUDE DE LA VITESSE V_s DU FRONT DE FLAMME

Toute l'étude continue à se faire en régime stationnaire. Bien sûr, si le front est fixe, c'est parce que le débit par unité de surface $\rho_0 V_0$ est égal à $\rho_s V_s$, où V_s est la « vitesse relative » du front de flamme immobile dans le gaz s'écoulant en régime stationnaire.

Pour cette étude, on suppose que le nombre de Lewis $\mathscr{L} = 1$ et on pose donc :

$$X(x) = \frac{C_p}{Q}(T_s - T(x)).$$

III.1. *Simplification de l'équation régissant* $T(x)$.

III.1.1. Montrer que pour $0 < x < \delta$, $T(x)$ satisfait l'équation :

$$V\frac{dT}{dx} - D\frac{d^2T}{dx^2} = (T_s - T)\, k_0\, e^{-\frac{E_0}{RT}} \equiv \varphi(T).$$

III.1.2. Interpréter l'annulation de $\varphi(T)$ en $x = \delta$.

III.1.3. On étudie seulement le cas où l'énergie d'activation est très élevée : montrer que $\varphi(T)$ devient négligeable dès que $\dfrac{T_s - T}{T_s} \simeq 2\,\dfrac{RT_s}{E_0}$ environ. En déduire que $T_i \# T_s$.

De ce fait on négligera tout phénomène de dilatation dans cette zone de combustion. [*Remarque : on constate donc que dans ce problème de combustion lente, il y a découplage complet avec le transfert de quantité de mouvement : ce n'est pas un problème d'hydrodynamique ou d'acoustique.*]

III.1.4. Si de plus k_0 est élevé, ce qui est le cas, alors le combustible brûle très vite et $\delta \ll \dfrac{D}{V} = a$.

Comparer alors les ordres de grandeur de $V\dfrac{dT}{dx}$ et $D\dfrac{d^2T}{dx^2}$ et justifier l'approximation

$$-D\frac{d^2T}{dx^2} = \varphi(T).$$

III.2. *Détermination de la vitesse* V_s.

III.2.1. Toujours dans le cadre de l'hypothèse de III.1.3., justifier que l'on assimile $\displaystyle\int_{T_i}^{T_s} \varphi(T)\, dT$ à $\displaystyle\int_{T_0}^{T_s} \varphi(T)\, dT$, approximation qui pourrait paraître surprenante puisque $T_i \# T_s$.

On définit alors τ comme temps caractéristique de la cinétique chimique par :

$$\frac{1}{\tau} = \frac{1}{(T_s - T_0)^2}\int_{T_0}^{T_s} (T_s - T)\, k_0\, e^{-\frac{E_0}{RT}}\, dT.$$

III.2.2. Exprimer, grâce à III.1.4., $\dfrac{dT}{dx}$ en $x = 0$ à l'aide de τ.

III.2.3. Raccordant ce résultat à II.1.3., en déduire la vitesse V_s en fonction de D et τ. Justifier le raccord.

En pensant au fait que k_0 contient aussi un facteur de « dilatation » dû à la présence de $[O_2]$, montrer qu'il s'agit bien en fait de la détermination d'une densité de courant $\rho_s V_s = \rho_0 V_0$.

III.2.4. Sur quels paramètres peut-on jouer expérimentalement pour vérifier cette formule simplifiée, dite de Zeldovich ?

IV. Conclusion

Négligeant tout phénomène de dilatation pour ne dégager que l'essentiel, vu dans le référentiel à la vitesse V_s où le gaz est immobile, on observe donc une onde de forme fixe $T(x + V_s t)$ se déplacer à la *célérité* $- V_s$. Or usuellement, l'équation de la diffusion $\dfrac{\partial T}{\partial t} = D \dfrac{\partial^2 T}{\partial x^2}$ n'est pas associée à l'idée d'une propagation. *Néanmoins* vérifier que l'onde de la forme trouvée dans le problème, $T(x + V_s t)$ [à savoir, en négligeant l'épaisseur infime δ, et en notation adimensionnée que l'on dimensionnera, $T(x + V_s t) = \exp(x + V_s t)$ si $x < 0$ et $T(x + V_s t) = 1$ si $x > 0$], satisfait bien l'équation de la diffusion, *sauf au point de singularité mobile*, $x + V_s t = 0$, symbolisant le front de flamme en mouvement.

Epreuve de sciences industrielles 1998

Changeur rapide d'outils sur centre d'usinage

La concurrence internationale oblige les fabricants de produits en grandes séries à une perpétuelle recherche de la diminution des coûts de production. L'un des moyens permettant la diminution de ces coûts est la réduction des temps de fabrication.

Un centre d'usinage permet la production industrielle de pièces mécaniques. Les surfaces réalisées sur les pièces sont obtenues avec à des outils coupants. Deux exemples d'outils coupants sont présentés ci-contre : un foret et une fraise. Le centre d'usinage permet la génération successive de plusieurs surfaces sur les pièces parce qu'il permet d'une part une succession de mouvements de l'outil par rapport à la pièce, et d'autre part une possibilité de changement d'outil actif grâce à un changeur d'outils.

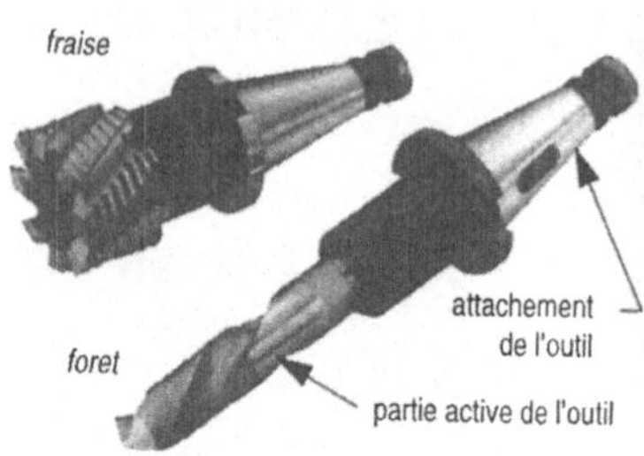

Le thème de ce sujet est le centre d'usinage FZ 12 S du constructeur allemand CHIRON. Il a une capacité de stockage de 12 outils. Pour permettre l'usinage d'une pièce nécessitant l'utilisation successive de plusieurs outils, le centre FZ 12 S est équipé d'un système de changement d'outils particulièrement rapide. Il se situe autour de la broche, et il est constitué d'un mécanisme articulé pour chaque outil. Ces systèmes articulés appelés "modules changeurs" sont fixés sur une coulisse qui se déplace verticalement le long d'un fourreau lors d'une séquence de changement d'outils.

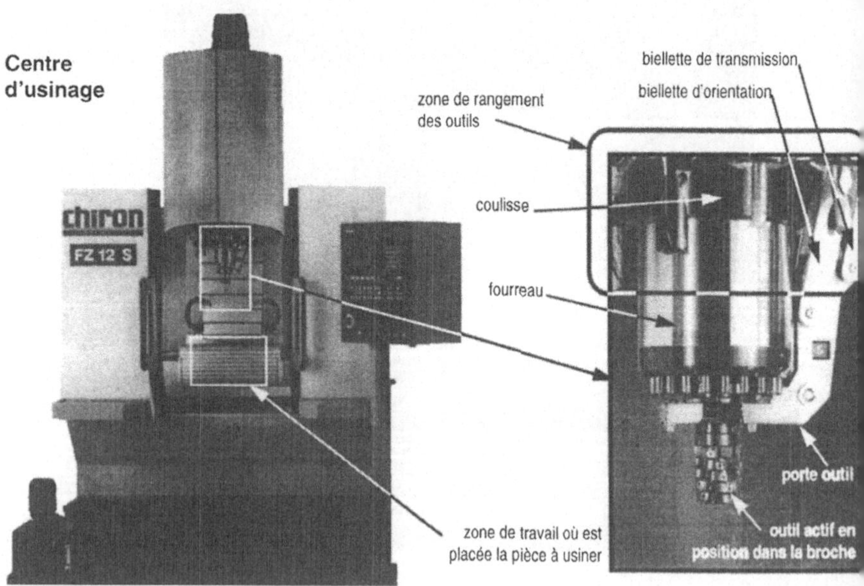

Les objectifs de notre étude portent sur l'analyse des solutions techniques retenues pour le système de changement d'outils du centre FZ 12 S afin de :
- valider les performances de durée de changement d'outils attendues
- garantir la sûreté de fonctionnement et l'intégrité du centre d'usinage en prévenant les aléas de fonctionnement dès l'étude du système.

Schéma cinématique du système de changement d'outils

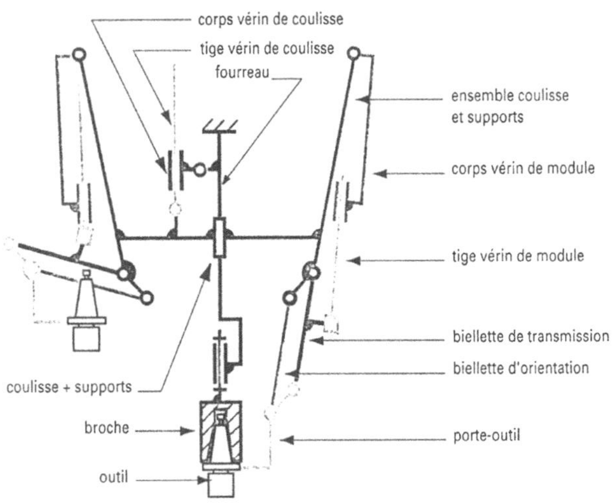

Le schéma cinématique ci-dessus propose une modélisation du système de changement d'outils du centre d'usinage étudié. Dans le plan du schéma seulement deux sous ensembles de changement d'outils sont représentés, et le symbole "⁀" doit être considéré comme une articulation (sa nature exacte sera étudiée dans la suite du sujet).

La séquence de changement d'outils est composée de plusieurs étapes et est représentée en bas de la page. A partir de la position initiale ❶, lorsqu'un changement d'outils est demandé, l'ensemble formé par la coulisse et les supports de chaque outil (ensemble bleu) descend le long du fourreau, afin d'extraire de la broche le cône de l'outil appelé "attachement d'outil". Ce mouvement est animé par le vérin de coulisse. Lorsque la position ❷ est atteinte, l'outil qui était dans la broche est remonté en position de stockage par un vérin de module et un ensemble de biellettes pour atteindre la position ❸. L'outil qui doit être mis en place est ensuite descendu sous la broche par un mécanisme identique. Dans la situation ❹, le vérin de coulisse remonte l'ensemble du mécanisme en position haute, plaçant ainsi l'attachement du nouvel outil dans la broche. Le système de changement d'outils se trouve ainsi dans la position ❺.

Pour le centre FZ 12 S acceptant des outils avec un attachement de type SK 40, la séquence de changement d'outils s'effectue en 0,9 secondes pour des outils de masse inférieure ou égale à 2,5 kg. Des outils de masse allant jusqu'à 5 kg sont acceptés par le centre FZ 12 S, mais sans exiger les mêmes performances de durée de changement d'outils.

Séquence de changement d'outil

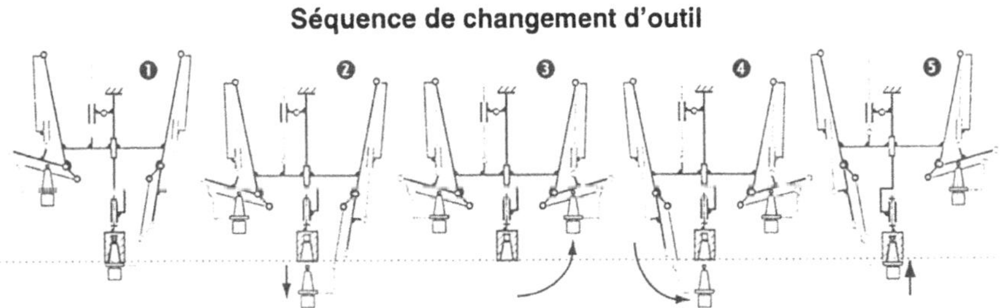

Aucun document n'est autorisé.

L'utilisation d'une calculatrice électronique de poche y compris calculatrice programmable et alphanumérique à fonctionnement autonome, non imprimante, est autorisée conformément à la circulaire n°86-228 du 28 juillet 1986. En aucune façon, cette calculatrice ne pourra posséder de données scientifiques et techniques propres aux sciences industrielles.

Le sujet est composé :

- d'une chemise imprimée en couleur décrivant le système industriel faisant l'objet de l'étude ;

- de ce livret de 10 pages définissant le travail demandé ;

- d'une pochette « documents » contenant 5 documents numérotés de 1 à 5 sur 4 feuilles format A3.

Recommandations :

Les questions sont numérotées et ordonnées mais beaucoup d'entre elles sont indépendantes. Il est recommandé au candidat de lire l'intégralité du sujet.

Il est demandé au candidat :

- de rappeler, sur sa copie le numéro de la question avant de développer sa réponse.

- de bien respecter l'ensemble des notations alphabétiques et numériques définies dans le sujet et de préciser ses propres notations lorsque cela s'avère nécessaire.

- de justifier ses hypothèses, et de rédiger clairement ses réponses.

Étude d'un « module changeur »

Le document 1 représente deux modules changeurs disposés symétriquement par rapport à l'axe de la broche de la machine :
- celui de gauche est "au repos" (outil rangé)
- celui de droite est "en travail" (outil utilisé)

La coulisse (repère 0), de forme générale tubulaire, est en liaison glissière sur le fourreau (partie fixe cylindrique) de la broche de la machine. Elle supporte les douze modules changeurs assemblés par liaison encastrement.

Un module changeur comporte :
- un support (repère 1) en liaison encastrement avec la coulisse (repère 0),
- un vérin pneumatique double effet constitué d'un corps de vérin (repère 2) et d'une tige de vérin (repère 3),
- une biellette de transmission du mouvement (repère 4),
- une biellette d'orientation (repère 5),
- un porte-outil (repère 6),

On se propose d'analyser ce système mécanique et de vérifier certaines de ses performances.

Le modèle retenu pour cette étude et le paramètrage sont donnés sur le document 3. Le système est supposé plan $(C,\vec{y}_1,\vec{z}_1)$.

A - Étude géométrique et cinématique

1 -   Établir le graphe de structure du module changeur et déterminer le nombre et la composition des cycles indépendants.

Pour les quatre questions suivantes, on s'intéresse à la chaîne de solides appelée "chaîne de mise en position", constituée du support (1), de la biellette de transmission (4), de la biellette d'orientation (5) et du porte-outil (6).
Ces pièces sont deux à deux en liaison pivot d'axe nominalement parallèle à $\vec{x}_1$, ce qui constitue un système hyperstatique. Ce choix est justifié en particulier par la robustesse que doit posséder cette chaîne de solides.

2 -   Calculer, par une analyse cinématique, le degré de mobilité de cette chaîne de mise en position. Calculer le degré d'hyperstaticité.

3 -   Définir le mouvement autorisé par la liaison L_{14} entre la biellette de transmission (4) et le support (1), et écrire au point C puis au point B, l'expression littérale du torseur cinématique $\mathscr{V}(4/1)$ caractérisant ce mouvement, en fonction de la dérivée temporelle de θ_{14}, et des grandeurs caractéristiques du mécanisme.

4 -   Définir le mouvement autorisé par la liaison L_{15} entre la biellette d'orientation (5) et le support (1), et écrire au point E puis au point D, l'expression littérale du torseur cinématique $\mathscr{V}(5/1)$ caractérisant ce mouvement, en fonction de la dérivée temporelle de θ_{15}, et des grandeurs caractéristiques du mécanisme.

5 - En supposant que les biellettes (4) et (5) restent constamment parallèles entre-elles au cours de leur mouvement ($\theta_{14} = \theta_{15} = \delta$), montrer que le mouvement du porte-outil (6) par rapport au support (1) est une translation circulaire. En déduire la vitesse du point P du porte-outil (6) dans son mouvement par rapport au support (1) en fonction de la dérivée temporelle de δ et des grandeurs caractéristiques du mécanisme.

Pour les deux questions suivantes, on s'intéresse à la chaîne de solides appelée "chaîne de mise en mouvement", constituée du support (1), du corps de vérin (2), de la tige de vérin (3) et de la biellette de transmission (4).
Afin de permettre le bon fonctionnement du vérin, il est souhaitable que cette chaîne de solides soit isostatique.

Les liaisons L_{12}, L_{23} et L_{14} sont définies sur le document 3.
La liaison L_{34} entre la tige de vérin (3) et la biellette de transmission (4) doit autoriser au moins un degré de liberté en rotation autour de l'axe $(A, \bar{x}_1)$.

6 - Montrer, par une analyse cinématique que, si la liaison L_{34} est une liaison pivot d'axe $(A, \bar{x}_1)$, le degré d'hyperstaticité de la chaîne de mise en mouvement n'est pas nul.

7 - Dans le cas où la liaison L_{34} est une liaison rotule de centre A, calculer le degré de mobilité de la chaîne de mise en mouvement, et montrer que ce système est isostatique.
Identifier la (ou les) mobilité(s) de cette chaîne de mise en mouvement.

B - Étude du vérin

L'objectif de cette étude est de valider la course et le diamètre du vérin du module changeur, en tenant compte de la géométrie, de la cinématique du système et de la durée de changement d'outils.

Pour cette étude, on se fixe comme paramètre pilote l'angle δ (voir document 3) dont l'amplitude de variation est de 115° : de -15° lorsque le porte-outil (6) est dans la position "outil rangé" (Pr), à +100° lorsqu'il est dans la position "outil utilisé" (Pu) (voir document 1).

8 - À partir des caractéristiques géométriques des composants de la chaîne de mise en mouvement {1,2,3,4}, exprimer la distance HA en fonction de δ, α, β, a et h :
$$HA = \lambda = f(\delta, \alpha, \beta, a, h).$$

9 - Déterminer les valeurs de λr pour $\delta r = -15°$ (outil rangé) et de λu pour $\delta u = +100°$ (outil utilisé).
En déduire la course de la tige du vérin.

Dans les questions suivantes on étudie l'influence du diamètre du piston du vérin appartenant au module changeur sur la durée de changement d'outil. On fait les hypothèses suivantes :
- la liaison L_{34} est une liaison rotule de centre A,
- les liaisons sont parfaites,
- les masses des solides (2), (3), (4) et (5) sont négligées par rapport à la masse du porte-outils (6) et à la masse de l'outil,
- l'évolution de la pression dans les chambres du vérin au cours de la course de sortie et de rentrée de la tige est conforme aux courbes données sur le document 4.

La position du centre de gravité G de l'ensemble {porte-outil, outil} est parametrée par k et l (voir le document 4), la masse du porte-outils (6) est notée M_6 et celle de l'outil est notée M_{outil}

10 - Montrer que l'action mécanique de la tige du vérin (3) sur la biellette de transmission (4) peut être représentée par un torseur glisseur dont l'expression au point A est : $\{T(3 \to 4)\} = \left\{ \begin{array}{c} F_{pression} \cdot \vec{z}_2 \\ \vec{0} \end{array} \right\}_A$

11 - Déterminer $F_{pression}$ en fonction de P_{adm}, $P_{échap}$, D_t, et D_p (voir document 4) au cours de la phase de sortie de la tige du vérin.

12 - Même question que celle qui précède, mais concernant la phase de rentrée de la tige du vérin.

13 - Isoler la biellette de transmission (4), puis recenser et modéliser par des torseurs les actions mécaniques exercées sur celle-ci.

14 - Même question que celle qui précède, mais concernant la biellette d'orientation (5).

15 - Même question que celle qui précède, mais concernant le système matériel {(6), outil} noté Σ.

16 - Montrer que les éléments de réduction des torseurs dynamiques des solides (4) et (5) par rapport au repère R_1 sont nuls.

17 - Déterminer au point G le torseur dynamique du système matériel Σ dans son mouvement par rapport au repère R_1.
Exprimer les éléments de réduction de ce torseur dans le repère R_4 en fonction de δ, $\ddot{\delta}$ et des grandeurs caractéristiques du mécanisme : M_6, M_{outil}, b.

18 - Appliquer le principe fondamental de la dynamique pour chaque système matériel isolé précédemment : (4), (5), et Σ. En déduire l'équation différentielle qui lie δ, $\ddot{\delta}$, et les paramètres suivants, constants en fonction du temps : $F_{pression}$, M_6, M_{outil}, a, b, h, α, β, et la norme de l'accélération de la pesanteur g.

L'équation horaire du paramètre pilote δ est obtenue par résolution numérique de l'équation exprimée lors de la réponse à la question précédente. La résolution dont les résultats sont reportés sur le document 5 est faite pour différentes valeurs de paramètres :
- Phase : descente de l'outil, remontée de l'outil
- M_{outil}, la masse de l'outil (kg) : 0 (pas d'outil), 2,5 et 5
- D_p, le diamètre du piston du vérin (mm) : 16, 20, 25, 32, 40 et 50

Dans une séquence de changement d'outil, on distingue deux ensembles de mouvements :
- les mouvements engendrés par le vérin de coulisse (descente et remontée de cette coulisse)
- les mouvements engendrés par les vérins de module et assurant la permutation de deux modules (de la position ❷ à la position ❹ de la séquence décrite sur la chemise couleur).

La permutation de deux modules, concerne l'un des trois cas suivants :

	Module à escamoter	**Module à mettre en place**
Cas 1	Pas d'outil	Outils de masse $\leq 2,5$ kg
Cas 2	Outils de masse $\leq 2,5$ kg	Pas d'outil
Cas 3	Outils de masse $\leq 2,5$ kg	Outils de masse $\leq 2,5$ kg

Selon la masse des outils mis en jeu et le cas considéré, la durée de permutation est différente. Les vérins de module doivent être dimensionnés afin de respecter la durée de permutation définie dans le cahier des charges dans tous les cas d'outils de masse inférieure ou égale à 2,5 kg.

19 - Déterminer à l'aide des courbes du document 5, pour chaque diamètre de piston de vérin, le cas (parmi les trois cas définis ci-dessus) où la durée de permutation de deux modules est maximum.
Enoncer cette durée maximum pour chaque diamètre de piston de vérin.

La répartition de la durée de 0,9 seconde accordée pour un changement d'outils est la suivante :
- 0,5 seconde est accordée pour descendre et remonter la coulisse et l'ensemble des modules changeurs le long du fourreau,
- 0,4 seconde est accordée pour permuter deux modules.

20 - Donner la liste des diamètres de piston de vérins permettant le respect de la durée accordée à la permutation de deux modules. Les vérins qui équipent les modules changeurs du centre d'usinage FZ 12 S ont un piston de diamètre 32 mm. Ce choix est-il justifié ?

C - Étude de la commande d'un « module changeur »

Le schéma de puissance pneumatique du document 2b présente les composants qui entourent le vérin du module changeur i afin qu'il puisse être commandé convenablement.

21 - Identifier de manière précise et concise les composants pneumatiques repérés **a**, **b** et **c**, par les caractéristiques techniques qui sont représentées sur le schéma de puissance.

22 - Déduire du schéma pneumatique le comportement du module changeur lorsque survient une défaillance de l'alimentation en pression pneumatique ou/et de l'alimentation électrique de la commande. Décrire succinctement en quoi la chaîne d'action proposée est sécuritive vis-à-vis du fonctionnement du centre d'usinage.

La commande d'un module changeur (document 2b) assure deux services. D'une part elle répond à une requête de descente d'outil, et d'autre part elle répond à une requête de remontée d'outil. Une demande de descente d'outil se fait en maintenant à 1 l'entrée logique d_i de la commande jusqu'à ce que la sortie $find_i$ lui indique la fin d'exécution de sa requête. De même, une demande de remontée d'outil se fait en maintenant à 1 l'entrée logique r_i de la commande jusqu'à ce que la sortie $finr_i$ lui indique la fin d'exécution de sa requête.

Le recensement des entrées et des sorties de la commande d'un module est donné dans le document 2b. Dans un premier temps, une modélisation combinatoire du comportement attendu est proposée :

$$EV_i - = r_i.\left(\overline{d_i}.\overline{haut_i} + bas_i\right) \qquad\qquad EV_i + = d_i.\left(\overline{r_i}.\overline{bas_i} + haut_i\right)$$
$$finr_i = r_i.haut_i \qquad\qquad\qquad find_i = d_i.bas_i$$

Afin de valider la spécification proposée, on étudie la véracité des trois propositions suivantes :

- Lorsqu'une requête de descente est formulée, qu'il n'y a pas de requête de remontée formulée, et que l'on n'est pas en fin de descente, alors la sortie EV_i+ est émise ($d_i.\overline{r_i}.\overline{find_i} \rightarrow EV_i +$).
- Lorsqu'une requête de remontée est formulée et que l'on n'est pas en fin de remontée, alors la sortie EV_i- est émise ($r_i.\overline{finr_i} \rightarrow EV_i -$).
- Lorsque aucune requête n'est formulée alors ni la sortie EV_i+ et ni la sortie EV_i- ne sont émises ($\overline{r_i}.\overline{d_i} \rightarrow \overline{EV_i -}.\overline{EV_i +}$).

On peut définir l'opérateur « $\rightarrow$ » en disant que la proposition « $p \rightarrow q$ est vrai » est équivalente à « $\overline{p} + q = 1$ est vrai ». Les trois propositions précédentes s'écrivent donc de la façon suivante :

(P1) : $\overline{\left(d_i.\overline{r_i}.\overline{find_i}\right)} + \left(EV_i +\right) = 1$

(P2) : $\overline{\left(r_i.\overline{finr_i}\right)} + \left(EV_i -\right) = 1$

(P3) : $\overline{\left(\overline{r_i}.\overline{d_i}\right)} + \left(\overline{EV_i -}.\overline{EV_i +}\right) = 1$

23 - Exprimer sous la forme d'un tableau de Karnaugh les combinaisons des entrées recensées document 2b et pour lesquelles la proposition (P1) est vraie. En déduire les combinaisons des entrées pour lesquelles (P1) n'est pas vérifiée.

24 - Même question que celle qui précède, mais concernant la proposition (P2).

Lorsqu'il y a un conflit entre deux requêtes, on souhaite privilégier la requête de remontée.

25 - Proposer une amélioration de la spécification des sorties EV_i+ et EV_i- respectant cette nouvelle contrainte du cahier des charges, et prouver que votre proposition respecte les propriétés (P1), (P2), et (P3).

26 - Décrire le comportement d'un module changeur commandé conformément à votre proposition de la question précédente lorsque les entrées r_i et d_i sont continuellement vraies.

Pour palier aux inconvénients de la commande combinatoire identifiés dans les questions précédentes, un modèle séquentiel de la commande est proposé dans le document 2b. On se propose de simuler le comportement de la commande. Pour cela, on utilise un algorithme à recherche de stabilité fourni document 4 pour étudier le comportement dynamique du grafcet. La commande est stimulée par la séquence d'événements suivante :

à t=0s on a d_i=0 r_i=0 $haut_i$=1 et bas_i=0,
à t=10s d_i passe de 0 à 1,
à t=10,05s $haut_i$ passe de 1 à 0,
à t=10,1s bas_i passe de 0 à 1,
à t=10,2s d_i passe de 1 à 0,
à t=20s r_i passe de 0 à 1,
à t=20,05s bas_i passe de 1 à 0,
à t=20,3s $haut_i$ passe de 0 à 1,
à t=30s d_i passe de 0 à 1.

27 - À partir de la situation initiale du grafcet à l'instant t=0 ({i03}), donner et dater les différentes situations stables atteintes par le grafcet ainsi que l'ensemble des sorties émises par la commande. Les résultats seront présentés selon le tableau ci-dessous.

Temps (s)	0	10	10,05	
Variations de la valeur des entrées		$\uparrow d_i$	$\downarrow haut_i$	
Situation stable du grafcet	{i03}	...	...	
Ensemble des sorties émises	{}	...	...	

Étude d'un changement d'outil

Dans cette partie on étudiera un système de changement d'outils constitué uniquement de trois modules changeurs numérotés de 1 à 3. Le document 2a présente le schéma de puissance pneumatique de ce système.

28 - Identifier de manière précise et concise les composants pneumatiques repérés **1**, et **2**, par les caractéristiques techniques qui sont représentées sur le schéma de puissance.

29 - Déduire du schéma pneumatique le comportement de la coulisse lorsque survient une défaillance de l'alimentation en pression pneumatique ou/et de l'alimentation électrique de la commande. Décrire succinctement en quoi la chaîne d'action proposée est sécuritive vis-à-vis du fonctionnement du centre d'usinage.

La commande du système de changement d'outils (document 4) assure deux services. D'une part elle répond à une requête de déchargement d'outil en « rangeant » l'outil utilisé (en fin d'exécution de cette requête il n'y a plus d'outil dans la broche du centre d'usinage). Et d'autre part elle répond à une requête de chargement d'outil en plaçant l'outil désigné dans la broche tout en rangeant si nécessaire l'outil en cours d'utilisation. Une demande de déchargement d'outil se fait en maintenant à 1 l'entrée logique D de la commande jusqu'à ce que la sortie « fin de cycle » lui indique la fin d'exécution de sa requête. De même, une demande de chargement d'outil se fait en maintenant à 1 l'entrée logique C de la commande jusqu'à ce que la sortie « fin de cycle » lui indique la fin d'exécution de sa requête. Cependant le demandeur doit préciser l'outil qu'il souhaite charger en indiquant le module changeur où il se trouve. Pour ce faire un code est associé à chaque « module changeur ». Le module 1 est codé par $o_1=0$ et $o_0=1$, le module 2 est codé par $o_1=1$ et $o_0=0$, et le module 3 est codé par $o_1=1$ et $o_0=1$.

Dans le grafcet qui décrit la commande (document 4), on s'intéresse aux trois transitions (t1), (t2), et (t3). (t1) est franchie lorsque le système de changement d'outils est déjà dans la configuration demandée par la requête. (t2) est franchie lorsque le cycle demandé nécessite au moins un déchargement de l'outil situé dans la broche. (t3) est franchie lorsqu'un outil peut être chargé directement car la broche est libre (sans outil). Les réceptivités associées à ces trois transitions sont les suivantes :

$$R1 = C.Ok + D.\overline{P} \qquad R2 = C.P.\overline{Ok} + D.P \qquad R3 = C.\overline{P}$$

avec :

$$P = bas_1 + bas_2 + bas_3 \qquad Ok = \overline{o}_1.o_0.bas_1 + o_1.\overline{o}_0.bas_2 + o_1.o_0.bas_3$$

Où P représente la présence d'un outil dans la broche, et Ok indique que l'outil demandé est celui qui est présent dans la broche.

30 - Exprimer en langage naturel puis sous la forme d'une expression booléenne la condition de franchissement CF1 nécessaire et suffisante pour franchir (t1) conformément aux règles d'évolution du Grafcet.

31 - Même question que celle qui précède, mais concernant la transition (t2).

32 - Même question que celle qui précède, mais concernant la transition (t3).

Les trois propriétés suivantes doivent être vérifiées par la commande.

(P4) : si une requête est correctement formulée (c'est-à-dire $C.\overline{D}+D.\overline{C}$ est vrai) et que la commande est prête à la traiter (X0=1) alors elle sera obligatoirement traitée c'est-à-dire (t1) ou (t2) ou (t3) franchissable (CF1+CF2+CF3 est vrai).

(P5) : il n'est pas possible de franchir simultanément plus d'une transition (t1) (t2) ou (t3).

(P6) : si une requête n'est pas correctement formulée (c'est-à-dire C.D est vrai) alors aucune des transitions (t1), (t2) et (t3) n'est franchissable.

Pour les sept questions suivantes on se place dans une situation de la commande où l'étape 0 est active (X0=1), et l'on rappelle que la proposition « $p \rightarrow q$ est vrai » est équivalente à « $\overline{p}+q=1$ est vrai »

33 - Exprimer la proposition (P5) sous la forme d'une équation booléenne fonction des variables C, D, Pr, Ok et X0.

34 - Simplifier l'équation booléenne de la question précédente sous la forme : $X0.C.D.(\text{Exp1})+\overline{P}.Ok.(\text{Exp2})=0$ où Exp1 et Exp2 sont deux expressions booléennes fonctions des variables C, D, Pr, Ok et X0.

35 - En s'appuyant sur une étude du comportement dynamique du Grafcet, montrer que $X0.C.D = 0$

36 - Montrer que qu'elle que soit la valeur des variables booléennes d'entrée de la commande de changement d'outil on a $\overline{P}.Ok = 0$

37 - Exprimer la proposition (P6) sous la forme d'une équation booléenne fonction des variables C, D, Pr, Ok et X0.

38 - Simplifier l'équation booléenne de la question précédente. En déduire les combinaisons des variables C, D, Pr, Ok et X0 pour lesquelles la proposition (P6) est fausse.

39 - Proposer une amélioration de la spécification des réceptivités R1 R2 et R3 respectant le cahier des charges, et prouver que votre proposition respecte les propriétés (P4), (P5) et (P6).

Pour vérifier le comportement du grafcet du document 4, on se propose de simuler le comportement de la commande lorsqu'elle est stimulée par la séquence d'événements suivante qui correspond à une demande de chargement : à t=0s on a D=0, C=0, o_i=0, o_0=0, $haut_1$=1, bas_1=0, $haut_2$=1, bas_2=0, $haut_3$=1, bas_3=0, $haut_4$=1, bas_4=0, puis

Temps (s)	9	10	10,05	10,2	10,25	10,3	10,35	10,6	11
Variations de la valeur des entrées	$\uparrow o_0$	$\uparrow C$	$\downarrow haut_c$	$\uparrow bac_c$	$\downarrow haut_1$	$\uparrow bas_1$	$\downarrow bas_c$	$\uparrow haut_c$	$\downarrow C$

19	20	20,05	20,2	20,25	20,5	20,55	20,6	20,65	20,9	21
$\uparrow o_1$	$\uparrow C$	$\downarrow haut_c$	$\uparrow bac_c$	$\downarrow bas_1$	$\uparrow haut_1$	$\downarrow haut_3$	$\uparrow bas_3$	$\downarrow bas_c$	$\uparrow haut_c$	$\downarrow C$

Pour étudier le comportement dynamique de ce grafcet, on utilisera l'algorithme à recherche de stabilité du document 4.

40 - À partir de la situation initiale du grafcet à l'instant t=0 ({0, 30, 103, 203, 303}), donner et dater les différentes situations stables et instables atteintes par le grafcet ainsi que l'ensemble des sorties émises par la commande. Les résultats seront présentés selon le tableau ci-dessous.

Temps (s)	Variation de la valeur des entrées	Succession des situations instables atteintes avant la stabilité	Situation stable atteinte
0			{INIT}
9	$\uparrow o_0$		
10	$\uparrow C$		
10,05	$\downarrow haut_c$		

—————— fin du sujet ——————

DOCUMENTS

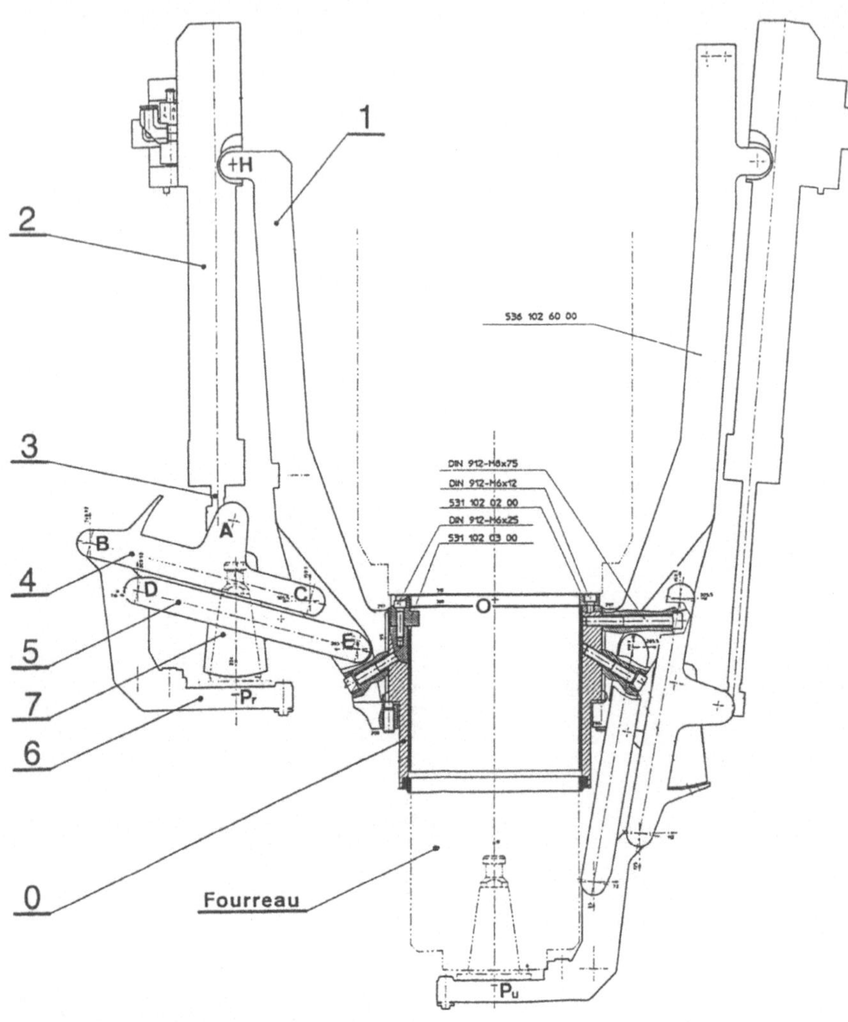

7	12	Godet protecteur
6	12	Porte-outil
5	12	Biellette d'orientation
4	12	Biellette de transmission
3	12	Tige de vérin
2	12	Corps de vérin
1	12	Support
0	1	Coulisse
Rep.	Nb.	Désignation

MODULE CHANGEUR

Document 1

**Schéma de puissance pneumatique d'un système de
changement d'outils à 3 modules (capteurs inclus)**

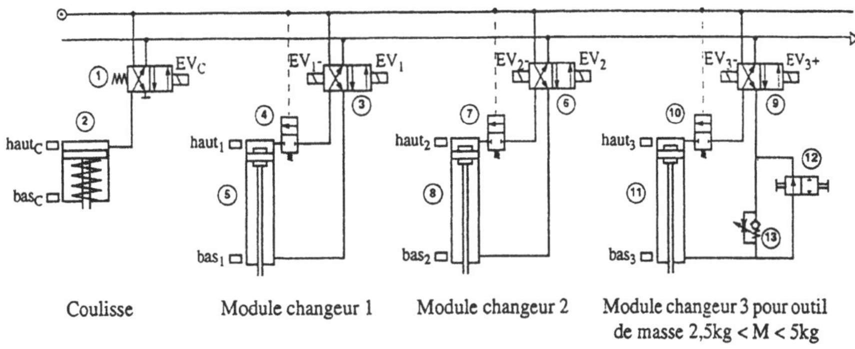

Coulisse   Module changeur 1   Module changeur 2   Module changeur 3 pour outil
de masse 2,5kg < M < 5kg

Document 2a

**Documents relatifs à la commande
d'un module changeur**

Recensement des entrées et des sorties
de la commande logique du module i

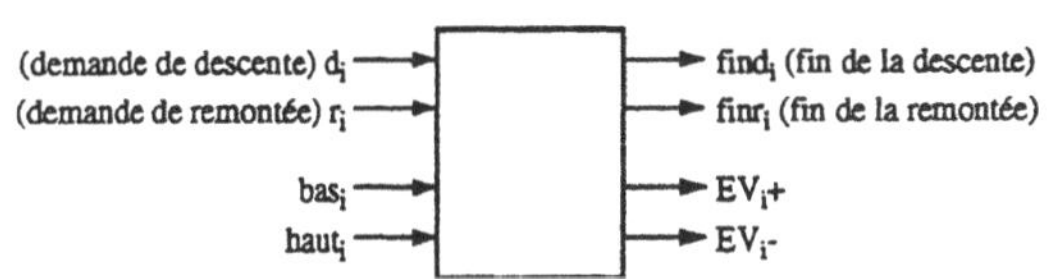

Schéma de puissance pneumatique
du module i (capteurs inclus)

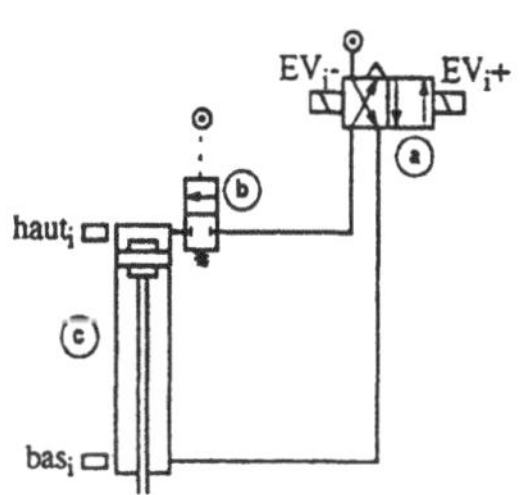

Commande séquentielle du module i

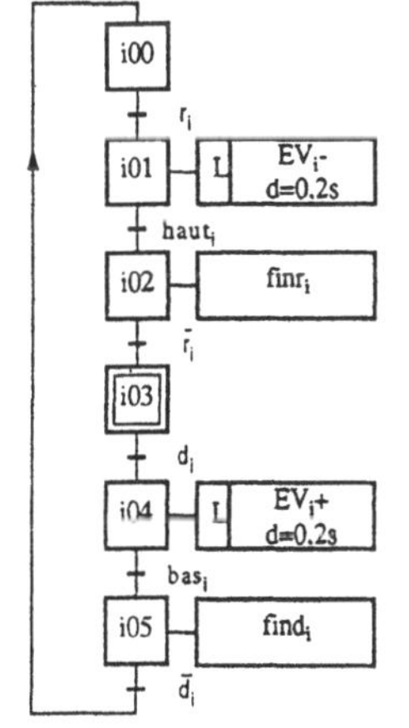

Commande combinatoire du module i

$$EV_i- = r_i \cdot (\bar{d}_i \cdot \overline{haut_i} + bas_i)$$

$$EV_i+ = d_i \cdot (\bar{r}_i \cdot \overline{bas_i} + haut_i)$$

$$finr_i = r_i \cdot haut_i$$

$$find_i = d_i \cdot bas_i$$

Document 2b

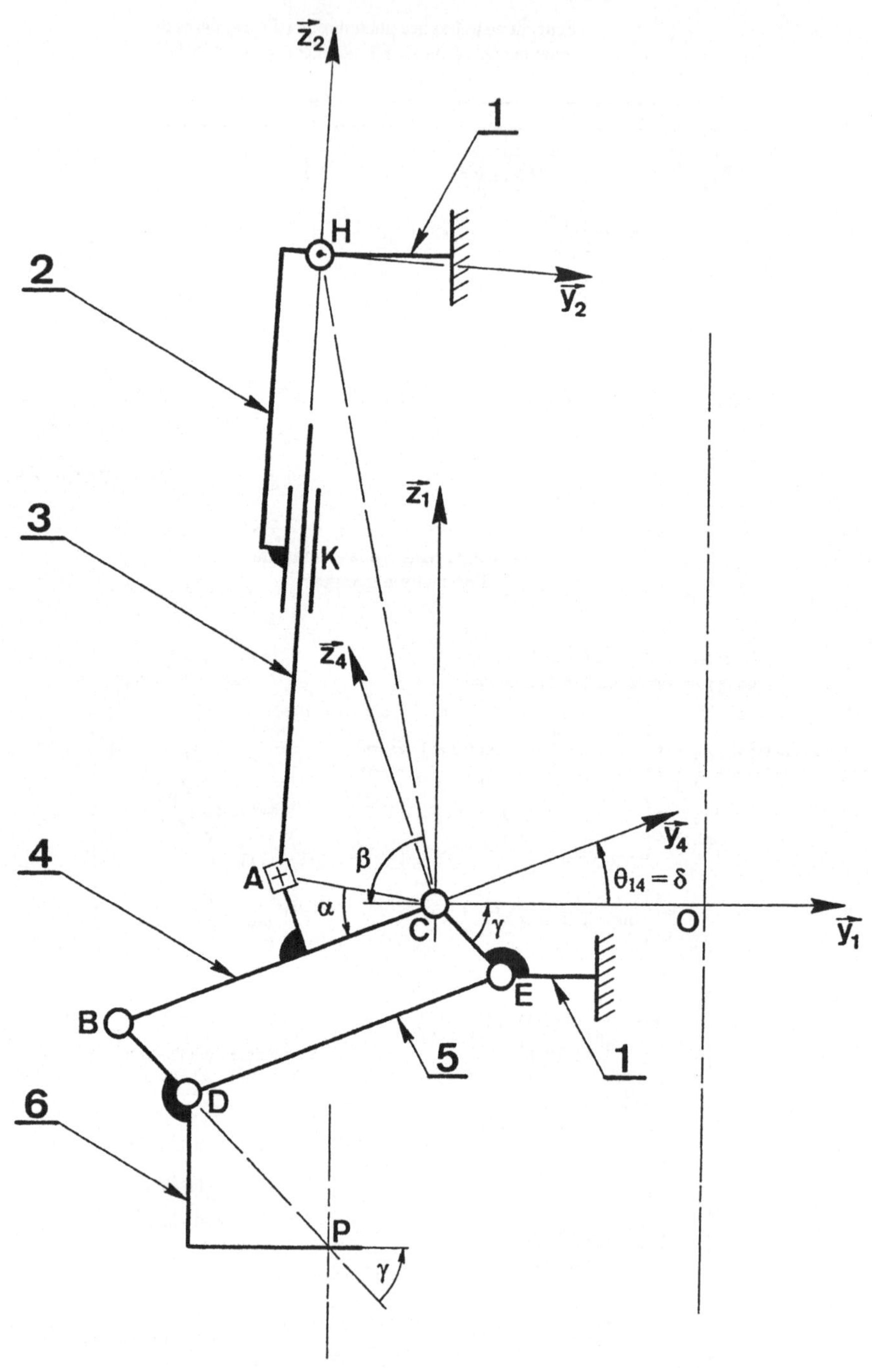

MODULE CHANGEUR

PARAMETRAGE DES SOLIDES

♦ <u>Repères associés aux solides</u>

- R_1 : $(C, \vec{x}_1, \vec{y}_1, \vec{z}_1)$ lié au support (1)
- R_2 : $(H, \vec{x}_1, \vec{y}_2, \vec{z}_2)$ lié au corps de vérin (2)
- R_4 : $(C, \vec{x}_1, \vec{y}_4, \vec{z}_4)$ lié à la biellette de transmission (4)
- R_5 : $(E, \vec{x}_1, \vec{y}_5, \vec{z}_5)$ lié à la biellette d'orientation (5) (*non représenté ci-contre*)

♦ <u>Paramètres géométriques constants liés aux solides</u>

- Support (1) : longueur EC = e = $40\sqrt{2}$ mm ;   longueur CH = h = 364 mm
  $$(\overrightarrow{CE}, \vec{y}_1) = \gamma = 45° \qquad (\overrightarrow{CH}, -\vec{y}_1) = \beta = 79{,}4°$$
- Biellette de transmission (4) : $\overrightarrow{BC} = b\ \vec{y}_4$ avec b = 196,5 mm
  longueur AC = a = 94 mm
  $$(\overrightarrow{CA}, -\vec{y}_4) = \alpha = 30°$$
- Biellette d'orientation (5) : $\overrightarrow{DE} = b\ \vec{y}_5$ avec b = 196,5 mm
- Porte-outil (6) : longueur BD = e = $40\sqrt{2}$ mm;   longueur DP = d = $85\sqrt{2}$ mm
  $$(\overrightarrow{BP}, \vec{y}_1) = \gamma = 45° \qquad \text{(les points B, D, P sont alignés)}$$

DEFINITION ET PARAMETRAGE DES LIAISONS

◊ L_{12} : Pivot glissant $(H, \vec{x}_1)$

◊ L_{23} : Pivot glissant $(K, \vec{z}_2)$ avec $\overrightarrow{HA} = -\lambda\ \vec{z}_2$

◊ L_{34} : "Articulation" de centre A ... *à définir ultérieurement*

◊ L_{14} : Pivot $(C, \vec{x}_1)$ avec $\theta_{14} = (\vec{y}_1, \vec{y}_4) = \delta$

◊ L_{15} : Pivot $(E, \vec{x}_1)$ avec $\theta_{15} = (\vec{y}_1, \vec{y}_5)$

◊ L_{46} : Pivot $(B, \vec{x}_1)$

◊ L_{56} : Pivot $(D, \vec{x}_1)$

Remarques :

* Le système est représenté ci-contre dans une position intermédiaire, entre la position repos et la position travail (θ_{14} quelconque).

* Tout paramétrage non défini ci-dessus est laissé à l'initiative du candidat, à condition de bien respecter les repères numériques des solides.
  Exemple : θ_{ij} : Angle de position du solide j par rapport au solide i.

Document 3

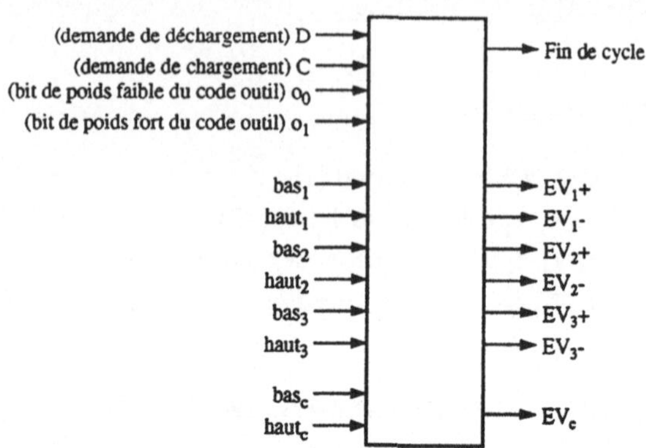
(demande de déchargement) D
(demande de chargement) C
(bit de poids faible du code outil) o_0
(bit de poids fort du code outil) o_1
bas$_1$
haut$_1$
bas$_2$
haut$_2$
bas$_3$
haut$_3$
bas$_c$
haut$_c$
Fin de cycle
EV$_1$+
EV$_1$-
EV$_2$+
EV$_2$-
EV$_3$+
EV$_3$-
EV$_c$

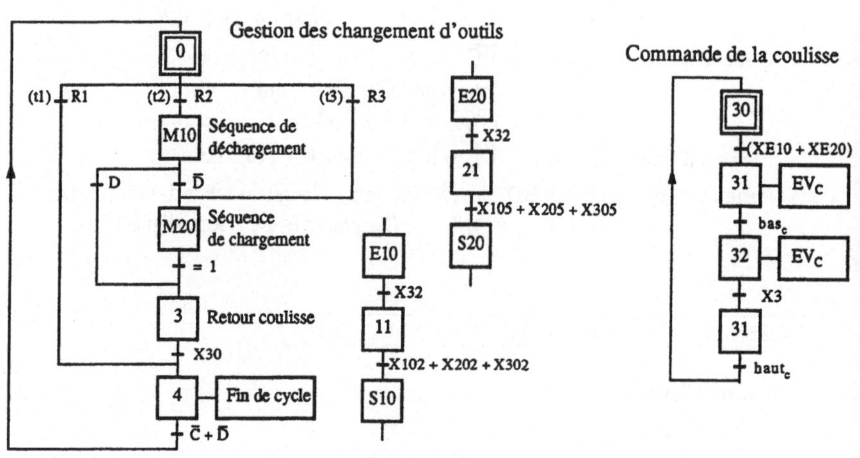
Gestion des changement d'outils
Commande de la coulisse
0
(t1) R1   (t2) R2   (t3) R3
M10 Séquence de déchargement
D $\bar{D}$
M20 Séquence de chargement
= 1
3   Retour coulisse
X30
4   Fin de cycle
$\bar{C} + \bar{D}$
E20
X32
21
X105 + X205 + X305
S20
E10
X32
11
X102 + X202 + X302
S10
30
(XE10 + XE20)
31   EV$_c$
bas$_c$
32   EV$_c$
X3
31
haut$_c$

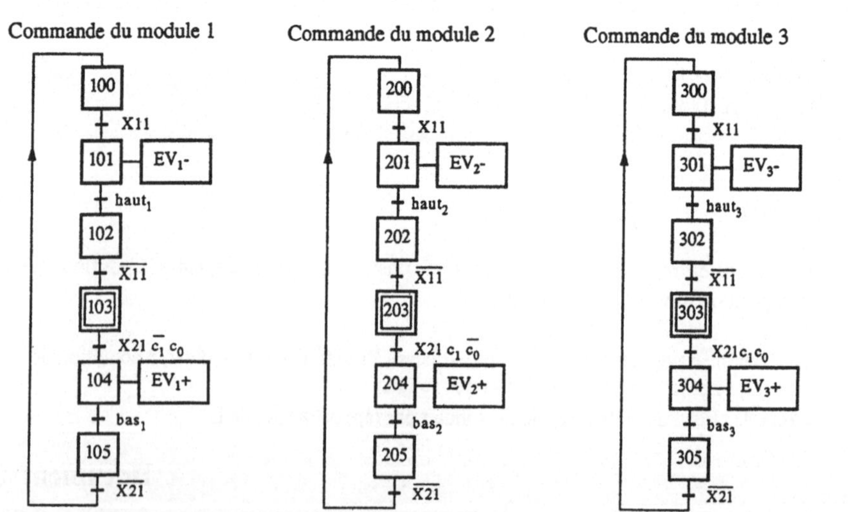
Commande du module 1
100
X11
101   EV$_1$-
haut$_1$
102
$\overline{X11}$
103
X21 $\bar{c_1}$ c_0
104   EV$_1$+
bas$_1$
105
$\overline{X21}$
Commande du module 2
200
X11
201   EV$_2$-
haut$_2$
202
$\overline{X11}$
203
X21 c_1 $\bar{c_0}$
204   EV$_2$+
bas$_2$
205
$\overline{X21}$
Commande du module 3
300
X11
301   EV$_3$-
haut$_3$
302
$\overline{X11}$
303
X21 c_1 c_0
304   EV$_3$+
bas$_3$
305
$\overline{X21}$

Modélisation de la pression dans les chambres d'un vérin de module changeur

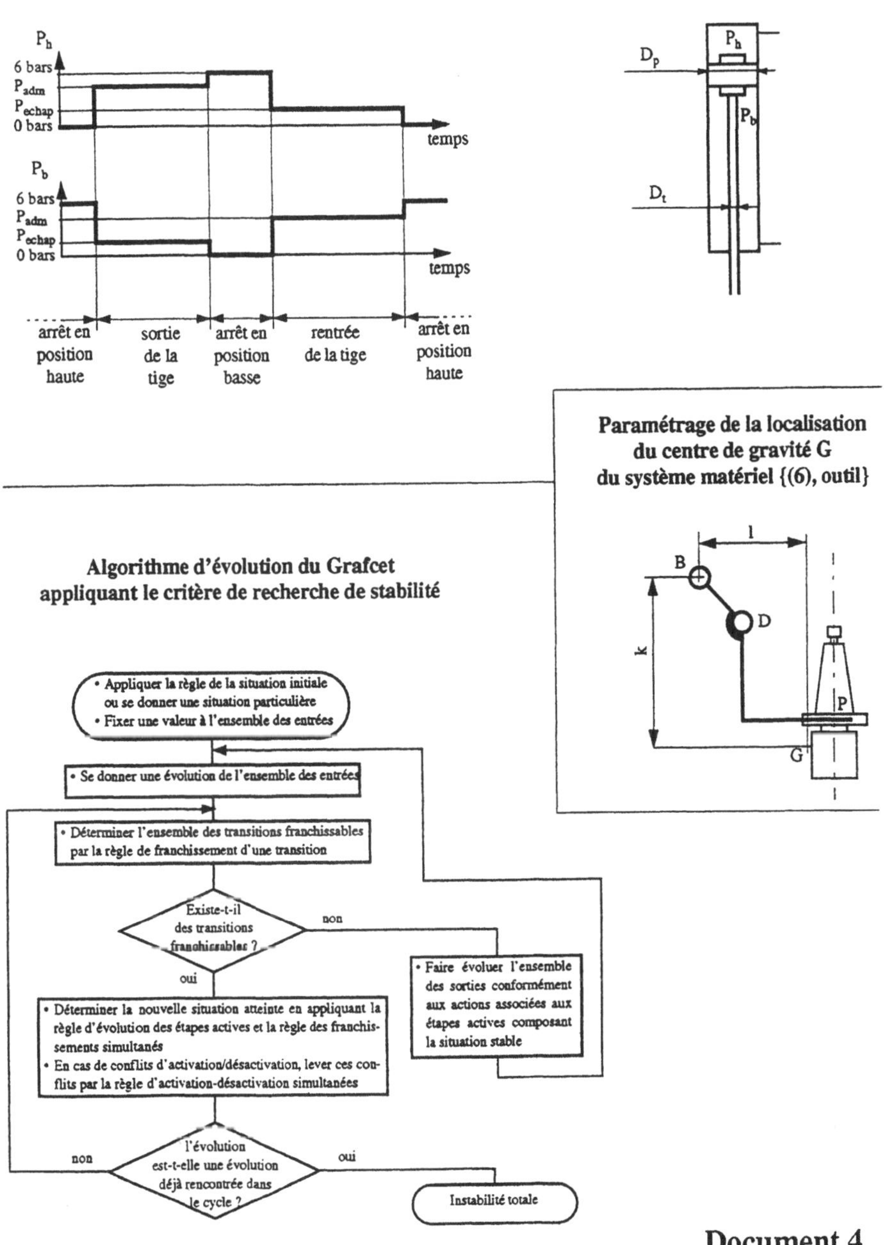

Document 4

Résultats de la résolution numérique de l'équation

$$f(\delta,\ddot{\delta}) = 0$$

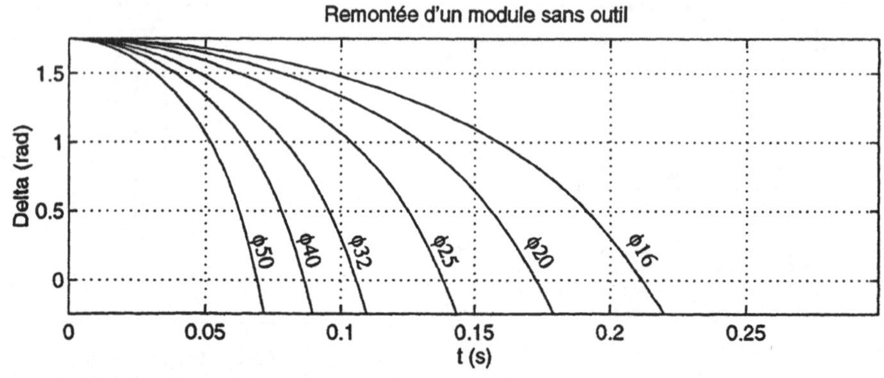

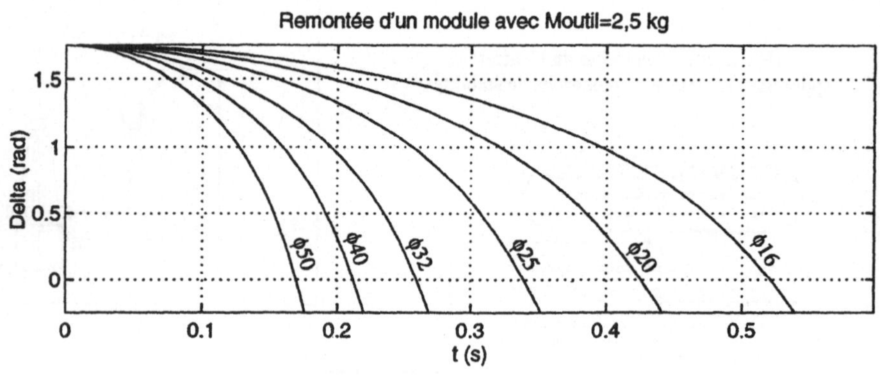

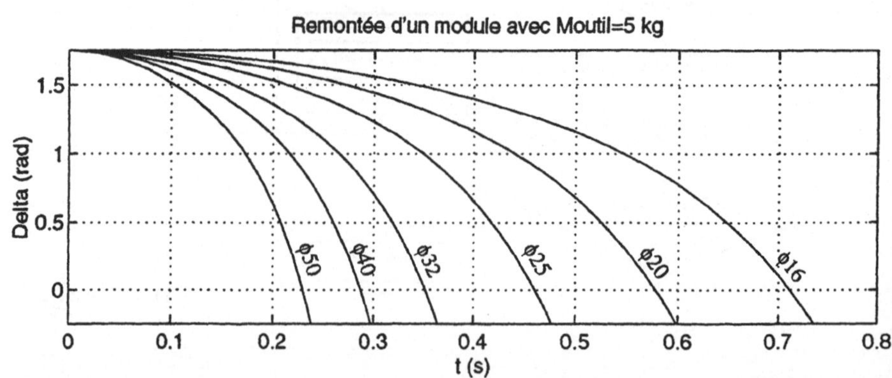

Descente d'un module sans outil
Delta (rad)
t (s)
φ50
φ40
φ32
φ25
φ20
φ16

Descente d'un module avec Moutil=2,5 kg
Delta (rad)
t (s)
φ50
φ40
φ32
φ25
φ20
φ16

Descente d'un module avec Moutil=5 kg
Delta (rad)
t (s)
φ50
φ40
φ32
φ25
φ20
φ16

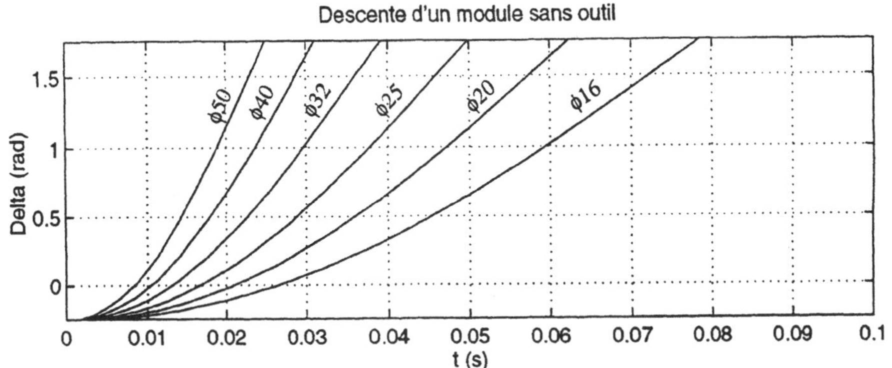

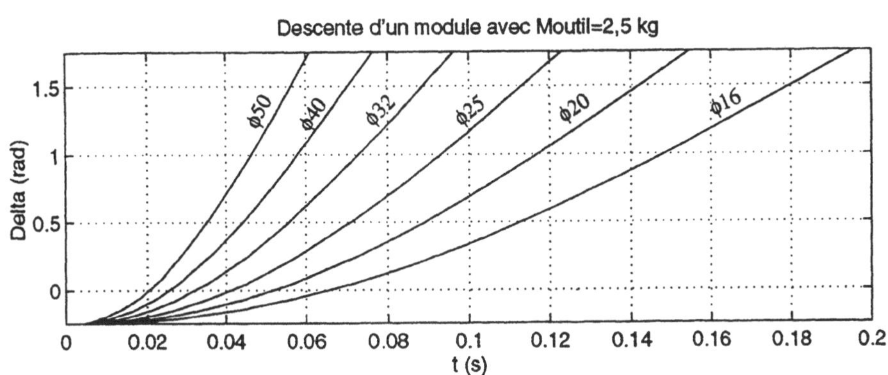

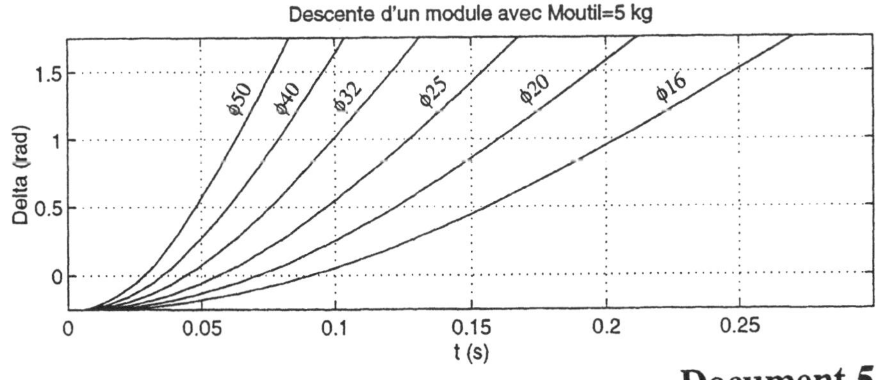

Document 5

Epreuve de physique 1998

SCIENCES PHYSIQUES

L'usage de calculatrices électroniques de poche à alimentation autonome, non imprimantes et sans document d'accompagnement, est autorisé pour toutes les épreuves d'admissibilité, sauf pour les épreuves de français et de langues. Cependant, une seule calculatrice à la fois est admise sur la table ou le poste de travail, et aucun échange n'est autorisé entre les candidats.

Le problème s'intéresse dans une première partie à un modèle théorique de rayonnement atomique, à sa polarisation, à son interaction avec un champ magnétique. Dans la deuxième partie on s'intéresse à la validation du modèle grâce à un protocole expérimental optique classique, faisant référence aux séances de TP-Cours prévues par le programme officiel PCSI, PSI, PSI*

Certaines questions exigent, hors calcul, la compréhension de certains aspects d'un modèle, un commentaire physique, un ordre de grandeur littéral ou numérique, une analyse de pertinence, un protocole expérimental. Elles seront évidemment cotées à l'égal des autres questions.

Les applications numériques concernent des ordres de grandeur: elles peuvent être faites sans calculette.

On utilisera les données numériques approchées ci-dessous :

- masse de l'électron : $\qquad m = 9{,}1\ 10^{-31}\ \text{kg}$;
- charge élémentaire : $\qquad e = 1{,}6\ 10^{-19}\ \text{C}$;
- vitesse de la lumière dans le vide : $\qquad c = 3\ 10^{8}\ \text{m}\cdot\text{s}^{-1}$;

- perméabilité du vide : $\qquad \varepsilon_0 = \dfrac{1}{36\ \pi\ 10^{9}}\ \text{F}\cdot\text{m}^{-1}$.

PARTIE 1

De la théorie ...

Mécanique: autour du modèle de Thomson de l'atome d'hydrogène

On considère le modèle de Thomson de l'atome d'hydrogène isolé. Le proton, de masse M, de charge e, est modélisé par une boule à répartition de masse et de charge homogènes, de centre O fixe dans le référentiel galiléen Oxyz, de rayon R. Tous les mouvements étudiés dans ce problème se référeront au galiléen Oxyz. Au sein de ce nuage protonique peut se mouvoir un électron quasiponctuel, de masse m, de charge $-e$. On note P(t) la position à la date t de l'électron dans Oxyz et $\mathbf{OP} = \mathbf{r}(t)$.

On suppose le mouvement de l'électron, classique, non relativiste et les conditions initiales telles que $\| \mathbf{r}(t) \| \leqslant$ R $\forall t$.

1. On suppose dans un premier temps que l'électron est soumis à la seule action électrostatique du proton. Le mouvement électronique démarre à la date $t = t_{01}$ avec les conditions initiales $\mathbf{r}(t = t_{01}) = \mathbf{r}_{01}$ et $d\mathbf{r}/dt\,(t = t_{01}) = \mathbf{v}_{01}$.

   a. Pourquoi dit-on que l'électron est élastiquement lié au proton ?

   b. Démontrer que la trajectoire électronique est plane.

   c. Déterminer son allure générale.

   d. Déterminer littéralement la période T_0 du mouvement. On posera ensuite $\omega_0 = 2\pi/T_0$.

   e. Déterminer numériquement, via une estimation de R, le domaine de longueur d'onde $\lambda_0 = c\,T_0$ auquel correspond T_0.

   f. Commenter physiquement la valeur de la moyenne temporelle à l'échelle de T_0 du moment dipolaire électrique $\mathbf{p}(t)$ de l'atome d'hydrogène.

   g. Démontrer que le mouvement électronique peut être décomposé en une vibration rectiligne le long de Oz et en deux mouvements circulaires dans le plan Oxy, dits transverses (par rapport à Oz), l'un gauche autour de Oz, l'autre droit.

   h. On note $A_{/\!/1}$, $A_{\perp g1}$, $A_{\perp d1}$ les amplitudes respectives de ces vibrations et $\varphi_{/\!/1}$, $\varphi_{\perp g1}$, $\varphi_{\perp d1}$ les phases à l'origine des temps correspondantes.

      On convient alors de noter le mouvement électronique à partir de $t = t_{01}$ sous la forme :

      $$\mathbf{r}(t) = \text{VR}\,(\mathbf{e_z},\ \omega_{/\!/},\ A_{/\!/1},\ \varphi_{/\!/1}) + \text{VCG}\,(\mathbf{e_z},\ \omega_{\perp g};\ A_{\perp g1},\ \varphi_{\perp g1}) + \text{VCD}\,(\mathbf{e_z},\ \omega_{\perp d},\ A_{\perp d1},\ \varphi_{\perp d1}).$$

      Déterminer les pulsations caractéristiques $\omega_{/\!/}$, $\omega_{\perp g}$ et $\omega_{\perp d}$ en fonction de ω_0.

   i. Sans chercher à les calculer effectivement (ce qui serait long et ici inutile !), dire de quoi dépendent les six constantes précitées (trois amplitudes et trois phases).

2. On améliore le modèle précédent en imposant à l'électron une force supplémentaire, de frottement de type fluide visqueux, notée $-m\,\mathbf{v}/\tau$, correspondant à un amortissement «faible».

   a. Quelle est la dimension de τ ?

   b. Préciser par une inégalité forte impliquant τ le caractère «faible» de l'amortissement.

   c. On lance l'électron avec les conditions initiales générales décrites dans la question 1. Démontrer que la trajectoire reste plane.

   d. Déterminer l'allure de la trajectoire électronique à l'échelle de T_0 puis à celle de τ.

   e. Commenter physiquement les valeurs moyennes temporelles, à l'échelle de T_0 et à celle de τ, du moment dipolaire électrique de l'atome d'hydrogène.

   f. Déterminer en fonction de ω_0 les valeurs des pulsations caractéristiques $\omega_{/\!/}$, $\omega_{\perp g}$ et $\omega_{\perp d}$ telles que l'on puisse mettre le mouvement électronique sous la forme :

      $$\mathbf{r}(t) = [\text{VR}\,(\mathbf{e_z},\ \omega_{/\!/},\ A_{/\!/1},\ \varphi_{/\!/1}) + \text{VCG}\,(\mathbf{e_z},\ \omega_{\perp g},\ A_{\perp g1},\ \varphi_{\perp g1}) + \text{VCD}\,(\mathbf{e_z},\ \omega_{\perp d},\ A_{\perp d1},\ \varphi_{\perp d1})]\ e^{-t/(2\tau)}.$$

On affirmera donc que le mouvement électronique cesse au bout d'une durée de l'ordre de grandeur de τ. Ce mouvement commençant à la date $t = t_0$ et finissant en ordre de grandeur à $t_0 + \tau$ est appelé train de vibration électronique de durée τ environ.

3. On affine encore le modèle précédent de la manière ci-dessous.

   L'atome « fournit » à la date t_{01} des conditions initiales $\mathbf{r}_{01}$ et $\mathbf{v}_{01}$ et « émet » (engendre) un premier train (le n° 1) de durée de l'ordre de τ. L'émission s'arrête pendant une durée de l'ordre de τ.

   L'atome « fournit » de nouveau à la date t_{02} des conditions initiales $\mathbf{r}_{02}$ et $\mathbf{v}_{02}$ et émet un autre train de vibration (le n° 2) pendant une durée de l'ordre de τ.

   Il y a de nouveau arrêt de l'émission pendant une durée τ environ, puis réémission et ainsi de suite.

   C'est le mécanisme d'émission par trains successifs.

   On supposera que les conditions initiales de démarrage des trains successifs sont décorrélées en temps (t_{0i}), en position $(\mathbf{r}_{0i})$ et vitesses initiales $(\mathbf{v}_{0i})$.

   a. Quels sont en pratique les phénomènes physiques qui peuvent intervenir dans la « fourniture » des conditions initiales du mouvement électronique ?

   b. Décrire l'allure de la trajectoire électronique à l'échelle de temps correspondant à l'émission de quelques trains de vibration (4 par exemple).

   c. Comment interpréter maintenant la décomposition du mouvement (à l'échelle de temps d'émission de quelques trains) en mouvements longitudinal et transverse.

   d. Dans un train donné, à l'échelle de τ, les mouvements longitudinaux et transversaux sont-ils en relation de phase ?

   e. Les trains d'onde successifs sont-ils en relation de phase (à grande échelle devant τ) ?

4. On se place dans les conditions initiales particulières $\mathbf{r}\,(t = t_{01}) = a\,\mathbf{e}_z\ (0 < a < \mathrm{R})$ et $\mathbf{v}\,(t = t_{01}) = \mathbf{0}$. On raisonne à l'échelle de τ, sur ce train de vibration rectiligne.

   a. Tracer les allures de $z\,(t)$, à l'échelle de T_0 puis à celle de τ.

   b. Déterminer la variation temporelle à l'échelle de τ de $E_m\,(t)$, énergie mécanique de l'électron en faisant intervenir le paramètre $Q = \omega_0\tau$, facteur de qualité de l'oscillateur.

   c. Expliquer quelle est la « qualité » de l'oscillateur signalée par Q.

   d. Y a-t-il dissipation à l'échelle de T_0 ? de τ ?

   e. On note $a\,(t)$ l'amplitude de l'oscillation, considérée comme constante à l'échelle de Δt_i, avec $T_0 \ll \Delta t_i \ll \tau$, donc de t à $t + \Delta t_i$. Déterminer l'énergie mécanique $E_m\,(t)$ de l'oscillateur en fonction de $a\,(t)$.

   f. Définir la puissance mécanique dissipée $\mathscr{P}\,(t)$ à l'échelle de τ en fonction de ω_0, de Q et $E_m\,(t)$.

   g. Découvrir le facteur littéral sans dimension qui permet de tester la validité de l'hypothèse classique non relativiste du mouvement électronique.

   h. Conclure en ordre de grandeur numérique sur ce dernier point.

5. On suppose que l'atome d'hydrogène est maintenant soumis à un champ extérieur supplémentaire, magnétostatique, uniforme et constant $\mathbf{B} = B_0\,\mathbf{e}_r$.

   On raisonne d'abord à l'échelle de temps T_0, ce qui revient à travailler sur le modèle primitif de Thomson non amorti $(Q \to +\infty)$

   a. Écrire l'équation différentielle réglant à cette échelle le mouvement de l'électron.

   b. On extrait du problème un nouvel étalon local de temps $T_c = 2\pi\,m/eB_0 = 2\pi/\omega_c$. Donner une interprétation physique simple de ce temps caractéristique.

   c. On suppose $0 < \omega_c \ll \omega_0$. Déterminer les mouvements projetés sur les axes Ox, Oy et Oz.

   d. Montrer que le mouvement galiléen de l'électron peut être décomposé en un mouvement oscillatoire longitudinal $z\,(t)$ (le long de la direction de $\mathbf{B}$) de pulsation $\omega_{/\!/}$, d'amplitude $A_{/\!/1}$, de phase à l'origine des temps $\varphi_{/\!/1}$ et en deux mouvements transverses (perpendiculaires à $\mathbf{B}$), l'un circulaire gauche, autour de $\mathbf{B}$, de pulsation $\omega_{\perp g}$, d'amplitude $A_{\perp g1}$, de phase à l'origine $\varphi_{\perp g1}$, l'autre circulaire droit $(\omega_{\perp d}, A_{\perp d1}, \varphi_{\perp d1})$, ce qu'on écrira conventionnellement :

   $$\mathbf{r}\,(t) = [\mathrm{VR}\,(\mathbf{e_z},\ \omega_{/\!/},\ A_{/\!/1},\ \varphi_{/\!/1}) + \mathrm{VCG}\,(\mathbf{e_z},\ \omega_{\perp g},\ A_{\perp g1},\ \varphi_{\perp g1}) + \mathrm{VCD}\,(\mathbf{e_z},\ \omega_{\perp d},\ A_{\perp d1},\ \varphi_{\perp d1})].$$

e. Déterminer les pulsations caractéristiques $\omega_{//}$, $\omega_{\perp g}$, et $\omega_{\perp d}$ en fonction de ω_0 et $\omega_L = \omega_c/2$.

f. De quoi dépendent les six inconnues $A_{//}$, $A_{\perp g}$, $A_{\perp d}$, $\varphi_{//}$, $\varphi_{\perp g}$, $\varphi_{\perp d}$?

On raisonne maintenant à l'échelle de τ. On doit pour cela tenir compte de l'amortissement faible de type fluide visqueux. On suppose en outre que $0 < 1/\tau \ll \omega_c \ll \omega_0$.

g. Écrire le nouveau système différentiel réglant à cette échelle le mouvement électronique.

h. Sans résoudre intégralement ce dernier système, déterminer les valeurs des pulsations caractéristiques $\omega_{//}$, $\omega_{\perp g}$, et $\omega_{\perp d}$ telles que l'on puisse décomposer le mouvement électronique à cette échelle en :

$$\mathbf{r}\,(t) = [\text{VR}\,(\mathbf{e_z},\ \omega_{//},\ A_{//1},\ \varphi_{//1}) + \text{VCG}\,(\mathbf{e_z},\ \omega_{\perp g},\ A_{\perp g1},\ \varphi_{\perp g1}) + \text{VCD}\,(\mathbf{e_z},\ \omega_{\perp d},\ A_{\perp d1},\ \varphi_{\perp d1})]\ e^{-t/(2\tau)}.$$

i. Comment, à votre avis, le modèle d'émission par trains de vibration successifs décorrélés se traduit-il au niveau de la décomposition transverse-longitudinale ($\mathbf{e_z} = \mathbf{B}/B_0$) du mouvement électronique ?

De la théorie ...

électromagnétique : autour du rayonnement dipolaire électrique

On considère un dipôle oscillant dans le vide, formé d'une charge élémentaire $+\,e$, immobilisée en un point O fixe galiléen et d'un électron, masse quasi ponctuelle de charge $-\,e$, de position $P\,(0,0,z\,(t))$ dans le référentiel galiléen Oxyz, oscillant sans amortissement le long de l'axe des z selon la loi horaire :

$$\mathbf{r}\,(t) = z\,(t)\,\mathbf{e_z} = a_0 \cos \omega_0 t\,\mathbf{e_z} \quad \text{avec}\ a_0 > 0\ \text{et}\ \omega_0 > 0.$$

6. On suppose le mouvement électronique classique, non relativiste.

a. Quel est le moment dipolaire $\mathbf{p}\,(t)$ du dipôle oscillant ?

b. On raisonne dans la zone de rayonnement du dipôle oscillant, c'est-à-dire dans le cadre de l'approximation $0 < a_0 \ll \lambda \ll r$ avec $\lambda = 2\pi c/\omega_0$ et $r = \text{OM}$ distance à l'origine du point M où l'on mesure les effets du dipôle oscillant. On note $p_0 = e\,a_0$ et $k_0 = \omega_0/c$ avec c vitesse de la lumière dans le vide.

Dans ces conditions, en coordonnées sphériques de centre O et d'axe des pôles Oz, on détermine le champ électrique lointain en M sous la forme :

$$\vec{E}\,(M, t) = -\frac{1}{4\pi\varepsilon_0}\ \frac{\omega_0^2\,p_0}{rc^2}\ \sin\theta\,\cos\,(\omega_0\,t - k_0\,r)\,\vec{u_\theta}$$

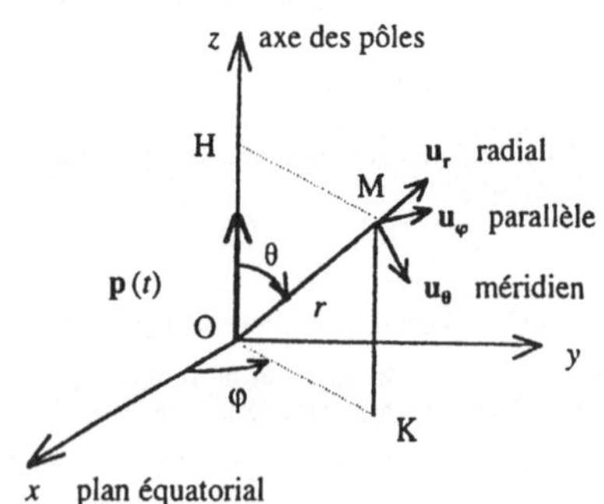

Figure 1

Sachant que l'onde rayonnée par le dipôle dans le vide est sphérique quasiplane, en déduire l'expression du champ magnétique lointain $\mathbf{B}(M, t)$.

c. En déduire l'expression du vecteur de Poynting de l'onde émise $\Pi(M, t)$.

d. Démontrer que $P_{em}(r, t)$, la puissance électromagnétique instantanée traversant à grande distance une sphère de centre O et de rayon r se propage à la vitesse c.

e. Le rayonnement énergétique est-il isotrope ?

f. Déterminer la direction d'émission énergétique minimale par de pures considérations de symétrie.

g. On raisonne au voisinage d'un point M. Précisez soigneusement ce qu'on entend par caractère quasi plan de l'onde.

h. On appelle direction d'observation Δ, la direction $\mathbf{u}_r(M)$ et plan d'observation le plan passant par M perpendiculaire à Δ.

Énoncer alors un théorème qualifiant la polarisation du champ électrique de l'onde rayonnée, au regard de la direction de $\mathbf{p}(t)$ et de celle du plan d'observation.

i. Démontrer que plus généralement la polarisation du champ électrique rayonné à grande distance par un dipôle oscillant quelconque (pas nécessairement rectiligne le long de Oz) est celle du vecteur projection de $\mathbf{p}(t)$ sur le plan d'observation Δ.

7. On veut estimer la durée τ d'un train de vibration électronique définie dans la question 2. Pour cela on travaille dans le modèle simplificateur de la question 4.

   Le mouvement électronique est la source d'un dipôle oscillant et donc d'une onde rayonnée à grande distance. Le train de vibration électronique est source d'un train d'onde électromagnétique de durée τ également. À la date t, le moment dipolaire est donc $\mathbf{p}(t) = -e\,a(t)\cos\omega_0 t\,\mathbf{e}_z$, $a(t)$ étant lentement variable comme on l'a vu à la question 4.

   a. Déterminer la valeur littérale de τ en fonction de ω_0, e, m, c et ε_0 via l'identification de $\mathcal{P}(t)$ (question 4.*f.*) et de la valeur moyenne sur une période T_0 de la puissance $P_{em}(r, t)$.

   b. Commenter physiquement l'ordre de grandeur calculé de τ dans le cadre de ce modèle appliqué à l'atome d'hydrogène de Thomson.

   c. Donner des éléments de justification physique de l'identification proposée dans la question 7.*a.*

   d. Justifier rapidement, « à la main », que le choix d'un moment dipolaire particulier, oscillant le long de Oz, ne change pas l'ordre de grandeur de τ.

PARTIE 2

... à la pratique expérimentale
optique : interférence et polarisation

8. On décide de confronter à l'expérience les résultats conjecturés à l'aide de la théorie précédente. On va donc effectuer une expérience d'optique : la source de lumière utilisée est une lampe à vapeur de cadmium dotée d'un filtre pour isoler au mieux la raie la plus intense dans le visible du cadmium I.

   On relève dans un handbook, le tableau ci-dessous des longueurs d'onde dans le vide des raies d'émission du cadmium I. Le tableau fournit l'intensité relative des raies et leur longueur d'onde exprimées en nm.

Intensité	λ (nm)	Intensité	λ (nm)	Intensité	λ (nm)
8	430,7	1000	508,6	30	633,0
3	441,3	6	515,5	2000	643,8
8	466,2	300	609,9	30	677,8
200	467,8	100	611,1	1000	734,5
300	480,0	100	632,5		

On admet que la détection ne peut se faire que pour des intensités (au sens du tableau ci-dessus) supérieures ou égales à 150 et que les longueurs d'onde dans l'air peuvent être assimilées à celles dans le vide, dans le cadre de notre expérience.

a. Quelle est la couleur de la raie la plus intense du cadmium I et doit-on utiliser un filtre interférentiel ou peut-on employer un simple verre coloré pour la filtrer ? Justifier votre réponse. On notera désormais λ_0 la longueur d'onde correspondante.

b. On suppose que le mécanisme d'émission de la raie λ_0 du cadmium est celui décrit plus haut à la question 3 (électron élastiquement lié et mécanisme d'émission de trains successifs décorrélés).
La différence réside dans le passage de l'hydrogène atomique au cadmium atomique, ce qui change les valeurs numériques des paramètres significatifs du modèle et permet l'émission d'ondes électromagnétiques dans le visible au lieu de l'UV.
Quelle est la valeur numérique de la pulsation caractéristique ω_0 de la raie λ_0 du cadmium ?

c. En déduire la durée τ du train d'onde correspondant (ce que d'aucuns appellent aussi le temps de cohérence de la raie spectrale).

d. On utilise tout d'abord un interféromètre de Michelson, monté en lame d'air à faces parallèles, éclairé par la lampe à vapeur de cadmium, filtrée.
On veut visualiser les franges d'interférence localisées à l'infini, d'égale inclinaison.
Préciser sans ambiguïté les conditions d'éclairage et de projection.

e. La lame d'air du Michelson a une épaisseur $e = 1$ mm.

   Déterminer littéralement l'intensité lumineuse I (M_∞) dans le champ d'interférence en fonction de l'inclinaison angulaire i du point M_∞ sur la direction normale à la lame d'air à faces parallèles.

f. Que vaut numériquement l'ordre d'interférence p_C au centre du champ d'interférence ?

g. Dessiner l'allure de la figure d'interférence dans le plan de l'infini.

h. On retouche e en chariotant légèrement pour que l'ordre au centre soit $p_0 = \text{PartieEntière}(p_C)$. Quelle est la nouvelle valeur e_0 de l'épaisseur e de la lame d'air ?

i. Écrire l'équation aux rayons angulaires i_k des anneaux brillants pour la longueur d'onde λ_0. k numérote les anneaux brillants en croissant à partir de 0 au centre.

j. Montrer sans calculs superflus que l'ordre de grandeur de $\Delta i_{1/2}$ la largeur à mi-hauteur en i, soit Δi_0 de l'anneau de n° 0 pour la longueur d'onde λ_0 est 10^{-2} radians.

k. En pratique expérimentale, les anneaux se resserrent-ils ou se desserrent-ils à partir du centre ?

9. La lampe à vapeur de cadmium est placée dans l'entrefer d'un aimant créant au niveau de la lampe un champ magnétostatique uniforme et constant $\mathbf{B} = B_0 \, \mathbf{e_z} \cdot B_0 = 1$ T.

L'orientation des éléments du montage est telle que la direction de la normale à la lame d'air, à faces parallèles du Michelson coïncide avec $\mathbf{e_z}$.

Bien que les rayons lumineux tombent sur la lame d'air sous des incidences i variables (mais faibles), on considérera que la direction d'observation Δ des atomes de cadmium, au sens de la question $6.h.$ est la normale à la lame, soit $\mathbf{e_z}$ ici.

On dispose par ailleurs de polariseurs tournants, c'est-à-dire de polariseurs rectilignes de type polaroïd, mobiles en rotation autour d'un axe perpendiculaire au polariseur et de lames quart d'onde également tournantes (au sens précédent).

Le Michelson est réglé comme indiqué au $8.h.$

   a. Calculer l'écart spectral $\Delta\lambda_L = \lambda_+ - \lambda_-$ avec $\lambda_- = \lambda_0 \, (1 - \omega_L/\omega_0)$ et $\lambda_+ = \lambda_0 \, (1 + \omega_L/\omega_0)$. On travaille aussi pour le cadmium avec $\omega_L \ll \omega_0$.

   b. Comparer avec le $\Delta\lambda_{Na}$ du doublet jaune du sodium.

   c. Ce dernier doublet est-il séparé dans les conditions usuelles d'utilisation du Michelson ?

   d. Conclure quant à l'utilisation de l'interféromètre de Michelson pour séparer spatialement dans un ordre donné les anneaux λ_0, λ_- et λ_+.

   e. On utilise très souvent un interféromètre à ondes multiples, le Fabry-Pérot pour réaliser effectivement cette séparation. La technologie est un peu différente, mais les conditions d'éclairage et de projection n'ont pas besoin d'être changées pour notre expérience.
   La figure d'interférence est de même type qu'avec le Michelson, à la seule réserve capitale près que la séparation angulaire des anneaux est de beaucoup meilleure.
   Le montage en amont et en aval de l'interféromètre est donc le même que le précédent.
   Quelle est la finesse $\lambda_0/(\lambda_0 - \lambda_-)$ nécessaire pour séparer les anneaux d'interférence à l'infini si on utilise par ailleurs un champ magnétostatique $B_0 = 1$ T ?
   On suppose cette finesse largement atteinte avec un interféromètre de type Fabry-Pérot.

10. On fait alors une série d'expériences (avec le Fabry-Pérot) qui sont toutes explicables a posteriori dans le modèle théorique développé plus haut.
   Les questions proposées demandent donc de décrire et de justifier les résultats attendus et obtenus dans la réalité !
   On peut aisément couper l'alimentation de l'électro-aimant, source du champ $\mathbf{B}$ de sorte que $B_0 = 1$ T ou 0, à volonté. On décrit donc une suite de conditions expérimentales, magnétiques, d'une part, et d'observation du plan de localisation des franges d'interférence, d'autre part.

   a. Champ $B_0 = 0$. Observation: œil nu. Que voit-on ? Expliquez.

   b. Champ $B_0 = 0$. Observation: œil + polariseur tournant. Que voit-on lors de la rotation du polaroïd ? Expliquez.

   c. Champ $B_0 = 1$ T. Observation: œil nu. Que voit-on ?

   d. Champ $B_0 = 1$ T. Observation: œil + polariseur tournant. Que voit-on lors de la rotation du polaroïd ? Expliquez.

   e. Champ $B_0 = 0$. Observation: œil + polariseur tournant près de l'œil + lame $\lambda/4$ fixe. Que voit-on lors de la rotation du polaroïd ? Expliquez.

   f. Champ $B_0 = 1$ T. Observation: œil + polariseur tournant près de l'œil + lame $\lambda/4$ fixe. Que voit-on lors de la rotation du polaroïd ? Expliquez.

11. On suppose toujours l'atome plongé dans un champ magnétique uniforme et constant $\mathbf{B} = B_0 \, \mathbf{e_z}$ avec $B_0 = 1$ T. L'orientation des éléments du montage est telle que la direction de la normale à la lame d'air, à faces parallèles du Fabry-Pérot est maintenant perpendiculaire à $\mathbf{e_z}$ donc à $\mathbf{B}$.

Bien que les rayons lumineux tombent sur la lame d'air sous des incidences i variables (mais faibles), on considérera que la direction d'observation Δ des atomes de cadmium, au sens de la question $6.h.$ est la normale à la lame.

On décrit une suite de conditions expérimentales avec cette nouvelle direction d'observation pour détecter l'intensité lumineuse dans le plan de l'infini.

a. Champ $B_0 = 0$. Observation : œil nu. Que voit-on ? Expliquez.

b. Champ $B_0 = 0$. Observation : œil + polariseur tournant. Que voit-on lors de la rotation du polaroïd ? Expliquez.

c. Champ $B_0 = 1$ T. Observation : œil nu. Que voit-on ?

d. Champ $B_0 = 1$ T. Observation : œil + polariseur tournant. Que voit-on lors de la rotation du polaroïd ? Expliquez.

e. Peut-on utiliser n'importe quelle lame $\lambda/4$ pour effectuer de façon probante les expériences précédentes ?

Epreuve de modélisation 1998

MODÉLISATION EN SCIENCES PHYSIQUES ET SCIENCES DE L'INGÉNIEUR

DURÉE : 4 heures

L'usage de calculatrices électroniques de poche à alimentation autonome, non imprimantes et sans document d'accompagnement, est autorisé pour toutes les épreuves d'admissibilité, sauf pour les épreuves de français et de langues. Cependant, une seule calculatrice à la fois est admise sur la table ou le poste de travail, et aucun échange n'est autorisé entre les candidats.

L'élaboration industrielle de pièces en céramique se fait à partir de poudres mises en forme à froid, puis traitées thermiquement lors d'une étape appelée frittage.

Il s'agit de former par chauffage des liaisons entre les grains d'une poudre sans atteindre la fusion du matériau, celle-ci ayant lieu à une température bien trop élevée.

Le frittage peut être vu comme le développement de ces liaisons qui se forment par la diffusion d'atomes ou de molécules (figure 0-a) sous l'action de contraintes superficielles et de la température.

Les mécanismes d'élaboration des liaisons sont multiples et peuvent conduire suivant les cas à une simple consolidation du milieu (« sans retrait »), ou à une consolidation accompagnée d'une densification mise en évidence par un retrait volumique.

Ce problème propose l'étude de différents mécanismes en élaborant les lois de croissance (rayon du cou, figure 0-b, en fonction du temps) permettant de les distinguer. La dernière partie permet la confrontation entre modélisation et données expérimentales dans le cas du cuivre, plus simple que celui des céramiques.

L'étude sera menée avec le souci de modéliser un phénomène complexe, tout en conservant l'approche la plus simple possible. Pour ce faire, on sera conduit à écrire certaines lois à des constantes numériques multiplicatives près, constantes qui peuvent faire l'objet d'études ultérieures non envisagées ici.

De nombreux résultats intermédiaires donnés dans le texte rendent les différentes parties relativement indépendantes. **Le candidat aura toutefois intérêt à lire attentivement l'énoncé dans l'ordre** pour bien comprendre le cheminement proposé.

Première partie: Thermodynamique des surfaces

Dans cette première partie nous introduisons quelques notions indispensables de thermodynamique des surfaces permettant d'aborder l'évolution des surfaces des grains lors du frittage.

Un système diphasique quelconque à l'équilibre thermodynamique présente une interface entre les deux phases. L'augmentation réversible de l'aire A de cet interface nécessite de dépenser un travail $\delta W = \gamma\,dA$ où γ est appelée l'énergie surfacique (en J/m^2) ou tension linéique de bord de l'interface (en N/m). C'est une quantité positive comme la pression P d'une phase mais l'augmentation réversible du volume $\mathcal{V}$ d'une phase permet à l'opérateur extérieur de recevoir du travail. C'est pourquoi on écrit avec un signe négatif: $\delta W = -P\,d\mathcal{V}$.

I-1 On considère un système diphasique à un seul constituant de volume total $\mathcal{V} = \mathcal{V}_1 + \mathcal{V}_2$ et fermé par un piston libre de se déplacer de manière réversible avec des frottements très faibles (figure I-1). L'ensemble est thermostaté à la température T et le milieu extérieur est à la pression imposée P_0. Les pressions d'équilibre des volumes $\mathcal{V}_1$ et $\mathcal{V}_2$ (volumes de chaque phase, $\mathcal{V}_2$ étant une sphère de rayon R_2) sont notées P_1 et P_2 respectivement. Le potentiel thermodynamique d'un tel système isotherme s'exprime comme $G_0 = U + P_0\mathcal{V} - TS$ où U est l'énergie interne et S l'entropie du système.

  a) Exprimer la différentielle de l'énergie interne du système en fonction des variables $\mathcal{V}_1$, $\mathcal{V}_2$, A, S, N_1 et N_2 (nombre de moles dans chaque phase) puis en fonction des variables $\mathcal{V}$, R_2, S et N_1.

  b) En déduire qu'à l'équilibre:

$$\mu_1 = \mu_2 \quad\text{et}\quad \begin{cases} P_1 = P_0 \\[2mm] P_2 - P_1 = \dfrac{2\gamma}{R_2} \end{cases} \tag{I-1}$$

où μ_1 et μ_2 sont les potentiels chimiques de chaque phase.

I-2 On considère un système diphasique à un constituant. On rappelle que l'énergie libre de Gibbs, $G = U + P\mathcal{V} - TS$, d'une phase d'énergie interne U, de pression P, de volume $\mathcal{V}$, de température T et d'entropie S, s'écrit également:

$$G = \mu N \tag{I-2}$$

où μ est le potentiel chimique et N le nombre de moles dans la phase considérée. En considérant la différentielle de G de deux façons différentes, montrer que, pour chaque phase:

$$\mathcal{V}dP - SdT = Nd\mu \tag{I-3}$$

I-3 Le système de relations (I-1) montre qu'en présence d'une interface courbe deux phases d'un même corps peuvent coexister avec des pressions différentes. Etablir alors que lors d'une transformation élémentaire isotherme accompagnée d'une modification éventuelle de cette interface:

$$V_1 dP_1 = V_2 dP_2 \qquad (I\text{-}4)$$

où $V_{1(2)}$ est le volume **molaire** de la phase 1(2).

I-4 On s'intéresse maintenant à une interface entre un solide s et sa vapeur g, et présentant deux rayons de courbure notés R_a et R_b. Le signe de ces rayons de courbure est algébrique et, par convention, on le choisira positif lorsque le centre de courbure est intérieur au solide. Ainsi un cylindre solide de révolution en équilibre avec sa vapeur possède en tout point M deux rayons de courbure l'un infini et l'autre égal au rayon du cylindre (figure I-2a). A l'opposé, si une surface présente un point col, analogue à un col de montagne, les deux rayons de courbure au point col N, sont de signes opposés et de valeur finie (figure I-2b)

On admettra sans démonstration que lorsqu'une surface solide en contact avec sa vapeur comporte deux rayons de courbure R_a et R_b on a alors:

$$P_s - P_g = \gamma \left(\frac{1}{R_a} + \frac{1}{R_b} \right) \qquad (I\text{-}5)$$

où γ est l'énergie surfacique, supposée constante, de l'interface.

Quelle approximation physique raisonnable permet d'écrire à l'ordre zéro:

$$P_s - P_\infty = \gamma \left(\frac{1}{R_a} + \frac{1}{R_b} \right) \qquad (I\text{-}6)$$

où P_∞ est la pression de vapeur saturante au-dessus d'une surface plane à la température T. En déduire que la pression P_g du gaz considéré comme parfait satisfait à l'équation approchée d'ordre un:

$$P_g - P_\infty = \frac{P_\infty V_s}{RT} \gamma \left(\frac{1}{R_a} + \frac{1}{R_b} \right) \qquad (I\text{-}7)$$

Deuxième partie: Coalescence sans retrait

La première étape du frittage est modélisée par l'adhésion de deux sphères. Celles-ci forment une structure intermédiaire en restant toujours tangentes (figure II-1).

Une zone déviant de la géométrie sphérique, et appelée le cou, se forme à la jonction des deux sphères par transfert de matière depuis les sphères. Cette zone sera assimilée à une surface torique de révolution autour de l'axe Oz joignant les centres des deux grains, formée par la rotation autour de Oz d'un demi-cercle de rayon ρ dont le centre est à une distance $(x+\rho)$ de l'axe.

II-1 Montrer (figure II-2) que si x est petit devant a on trouve, à l'ordre le plus bas, $\rho = x^2/2a$. On conservera cette approximation durant toute cette partie.

II-2 Justifier que l'aire A du cou peut alors s'écrire:

$$A = \frac{\pi^2 x^3}{a} \tag{II-1}$$

Montrer que le volume correspondant $\mathcal{V}$ du cou s'écrit:

$$\mathcal{V} = \frac{\pi x^4}{2a} \tag{II-2}$$

On rappelle que le volume d'une petite calotte sphérique s'écrit $\pi x^4/4a$.

II-3 On s'intéresse maintenant à la modélisation de la croissance du cou lors du frittage. Compte tenu des conventions de signe de la Partie I, exprimer R_a et R_b en fonction de x, a et ρ aux points A et B, où A est un point situé à la surface d'un des grains et B un point situé à la surface (fig. II-2). Écrire, en utilisant les relations (I-6) et (I-7), les différences de pression ΔP_g et ΔP_s qui existent entre les points A et B. Simplifier cette relation en supposant $\rho \ll x$ et $\rho \ll a$, **approximations que l'on conservera durant tout le problème**.

II-4 La croissance du cou résulte d'un flux de matière vers ce dernier. Un tel flux (**nombre de moles** par unité de temps et d'aire), provient en fait d'un déséquilibre local de potentiel chimique μ et s'écrit de façon générale:

$$\vec{j} = -K\,\vec{\nabla}\,\mu \tag{II-3}$$

où K est une grandeur que nous allons déterminer pour différents mécanismes modèles. Pour simplifier, dans toute la suite du problème, nous modéliserons la croissance par des grandeurs scalaires uniquement en utilisant comme flux effectif, j, une projection de $\vec{j}$ telle que l'on ait:

$$\frac{d\mathcal{V}}{dt} = jXV_s \tag{II-4}$$

où X est une surface dont on donnera la signification physique. Commenter brièvement la relation (II-4).

II-5 Le premier de ces mécanismes concerne un déséquilibre dans la phase gazeuse, supposée parfaite, et à température constante (mécanisme (1), figure II-2).
En explicitant le lien entre μ et P_g, montrer que la relation (II-3) s'écrit sous la forme:

$$\vec{j} = -\frac{D_g}{RT}\,\vec{\nabla}\,P_g \tag{II-5}$$

Exprimer D_g et établir qu'il a les dimensions d'un coefficient de diffusion.

II.6 Justifier que dans le cas de la diffusion gazeuse on a en ordre de grandeur:

$$\frac{d\mathcal{V}}{dt} \simeq \frac{D_g}{RT}\frac{\Delta P_g}{\rho}AV_s \tag{II-6}$$

et en déduire une équation d'évolution pour x en fonction du temps. On posera $\tau_1 = \dfrac{RT}{\gamma D_g}$. Montrer que la solution de cette équation est: $x(t) = l_1\left(\dfrac{t}{\tau_1}\right)^{n_1}$.
Indiquer l'expression de l_1 et de l'exposant n_1. Cette évolution sera référencée dans la suite comme le **mécanisme 1**.

II-7 Une autre possibilité concerne la diffusion des atomes à la surface des sphères vers le cou (mécanisme (2), figure II-2). Par analogie avec le paragraphe II-5, on écrit:

$$\vec{j} = -\frac{D_s}{RT}\vec{\nabla}P_s \qquad \text{(II-7)}$$

où D_S est le coefficient de diffusion en surface. Montrer alors que l'on a en ordre de grandeur:

$$j = \frac{D_s}{RT}\frac{\Delta P_s}{\rho} \qquad \text{(II-8)}$$

II-8 Si δ_s représente une épaisseur atomique, montrer alors que le mécanisme surfacique précédent conduit à:

$$\frac{d\mathcal{V}}{dt} = j4\pi x\delta_s V_s \qquad \text{(II-9)}$$

En adoptant des notations calquées sur celles décrivant le mécanisme 1 avec

$\tau_2 = \dfrac{RT}{\gamma D_s}$, montrer que la solution donnant x(t) est: $x(t) = l_2\left(\dfrac{t}{\tau_2}\right)^{n_2}$ où l'on

indiquera les expressions de l_2 et n_2. (Cette évolution sera référencée dans la suite comme le **mécanisme 2**).

Troisième partie: Coalescence avec retrait

A côté des mécanismes de croissance du cou conservant la tangence des sphères, dont nous venons de voir deux exemples, il existe des mécanismes associés au retrait des deux sphères (figure III-1). Les deux sphères s'interpénètrent en donnant naissance à une région intermédiaire appelée "joint de grain" de rayon x et d'épaisseur δ_j, de structure moins ordonnée que celle des deux grains. L'épaisseur δ_j du joint est en général petite devant ρ (figure III-2). La matière est donc transportée depuis le joint de grain jusqu'au cou, permettant ainsi aux centres des sphères de se rapprocher (mécanismes (3) et (4), figure III-2). On assimile le centre du joint de grain à une zone où la pression vaut P_{∞}. On admettra que la figure III-1 permet de montrer que les caractéristiques du cou sont alors :

$$\mathcal{V} = \frac{\pi x^4}{8a} \qquad \text{(III-1)}$$

$$A = \frac{\pi^2 x^3}{2a} \qquad \text{(III-2)}$$

et

$$\rho = \frac{x^2}{4a} \qquad \text{(III-3).}$$

III-1 Dans un premier mécanisme (**mécanisme (3)**, figure III-2), la matière est transportée du centre du joint de grain vers la surface totale du cou par diffusion volumique dans les grains avec un coefficient de diffusion D_V. Par analogie avec la partie II, établir la loi de croissance: $x(t) = 1_3 \left(\dfrac{t}{\tau_3} \right)^{n_3}$ (**mécanisme 3**).

III-2 La croissance peut également s'effectuer par diffusion localisée uniquement dans l'épaisseur δ_j du joint (**mécanisme (4)**, figure III-2), avec un coefficient de diffusion D_j. Établir la loi de croissance associée: $x(t) = 1_4 \left(\dfrac{t}{\tau_4} \right)^{n_4}$ (**mécanisme 4**).

III-3 Le retrait est défini par $(L_0-L)/L_0 = \Delta L/L_0$ où L est la distance joignant les centres des deux sphères à l'instant t et L_0 sa valeur à l'instant initial ($L_0 = 2a$). Montrer que $\Delta L/L_0 = kx^2$ (figure III-1) et exprimer k en fonction de a.

III-4 En déduire les exposants des lois de retrait $\Delta L/L_0$ en fonction du temps pour les mécanismes 3 et 4.

Quatrième partie: Application au frittage du cuivre

Dans cette partie nous confrontons les résultats précédents à des données expérimentales trouvées dans la littérature. Le cas du frittage de sphères de cuivre est analysé grâce à la figure IV-1, qui montre l'évolution du rayon du cou avec le temps, et à la figure IV-2, qui montre le retrait en fonction du temps.

IV-1 Posant les lois d'évolution du cou sous la forme $\dfrac{x(t)}{a} = \alpha a^m t^n$, où α est une quantité dépendante du mécanisme considéré, dresser le tableau des deux exposants m et n pour les quatre mécanismes étudiés précédemment.

IV-2 Quels mécanismes suggère la figure IV-1 parmi ceux étudiés?

IV-3 Avec quels mécanismes de la partie III les résultats présentés figure IV-2 sont-ils compatibles ?

IV-4 En fait plusieurs mécanismes agissent simultanément avec des poids respectifs qui dépendent de la température et du rapport entre le rayon x du cou et le rayon a des sphères. Un diagramme est présenté figure IV-3, avec indiqué dans chaque domaine le mécanisme prédominant. Les frontières correspondent par convention à l'égalité des vitesses de croissance associées aux deux mécanismes situés de part et d'autre. En quoi ce diagramme vous permet-il d'éclairer les résultats précédents?

IV-5 Les énergies d'activation associées aux mécanismes (2) et (3) sont comparables et environ deux fois plus élevées que celle associée au mécanisme (4).

    IV-5-1 Justifier la situation relative des différents domaines et le signe des pentes des différentes frontières.

    IV-5-2 Le diagramme concerne des billes de cuivre de rayon 57 µm. Sur la figure IV-3, soit le point A_0 de coordonnées ($T_0 = 0{,}62\ T_f$, $\log(x/a) = -1{,}25$). Il représente l'état de frittage au temps $t_0 = 6$ mn. Représenter, sur la feuille jointe en annexe, l'état de frittage au temps $t_1 = 100$ h à la même température (point A_1). De combien a augmenté le volume du cou?

    IV-5-3 À $T_1 = 0{,}75\ T_f$, $\tau_2(T)$ a notablement diminué par rapport à $\tau_2(T_0)$ et vaut $10^{-1{,}75}\tau_2(T_0)$. Calculer la durée de frittage nécessaire, à partir du point B_0 de coordonnées (T_1, $\log(x/a) = -1{,}25$), pour atteindre le même volume de cou qu'en A_1.

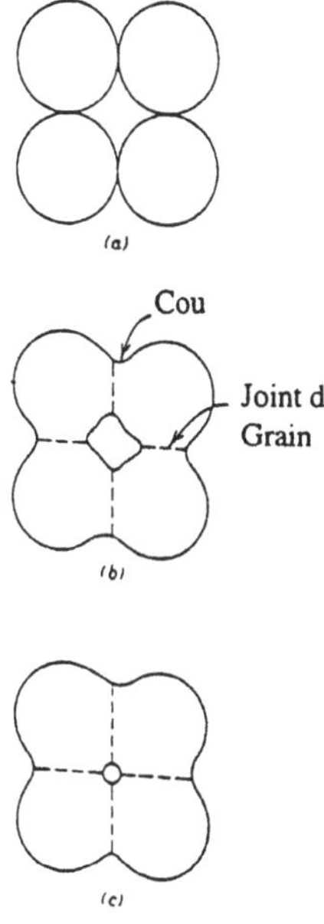

Fig. 0: Coalescence de quatre sphères par frittage.

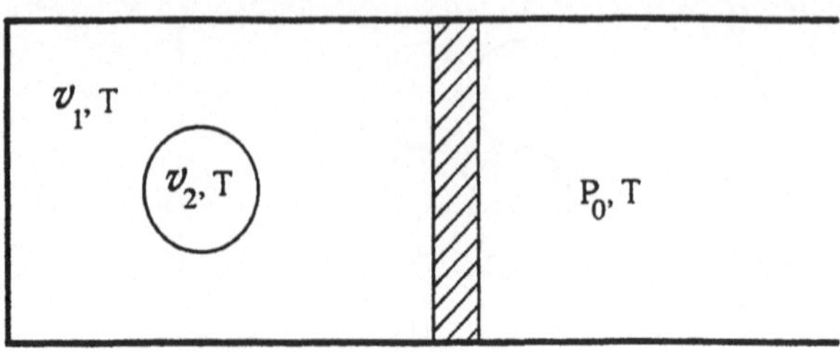

Fig. I-1: Système diphasique de volume $\mathcal{V}_1 + \mathcal{V}_2$, thermostaté à la température T
et fermé par un piston se déplaçant de façon réversible.

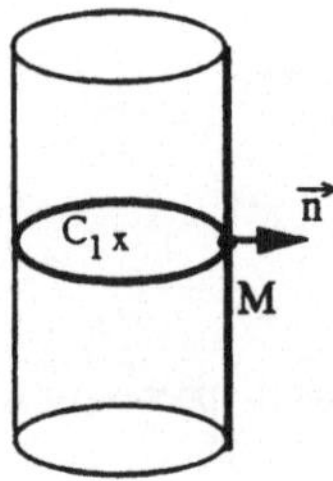

Fig. I-2a: Cylindre solide présentant un rayon de courbure
positif et un rayon de courbure infini (traits gras) en M.

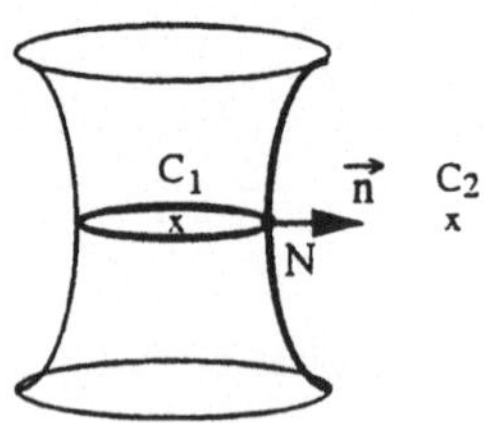

Fig I-2b: Point col N, présentant deux
rayons de courbure finis (tracés gras) de signe opposé.

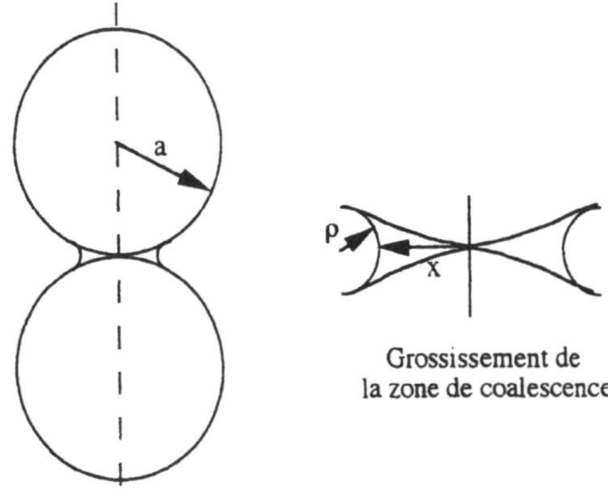

Fig. II-1: Deux sphères tangentes donnant lieu à une coalescence sans retrait.

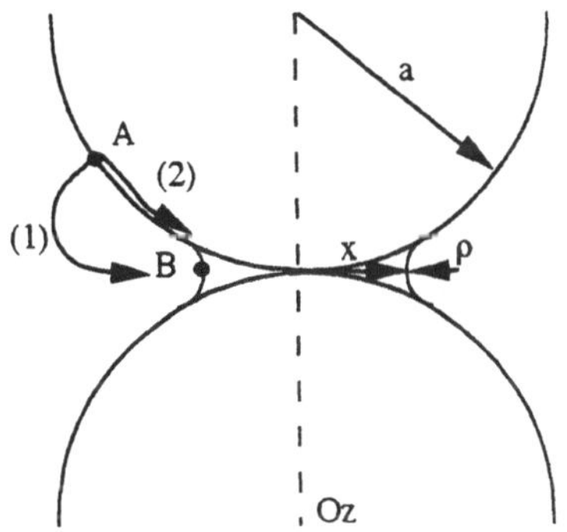

Fig. II-2: Détail du cou formé par la rotation, à la distance x de l'axe Oz,
du demi-cercle de rayon ρ. Le point A est situé sur la sphère et le point B sur le cou.
Les flèches (1) et (2) schématisent les deux mécanismes de transport.

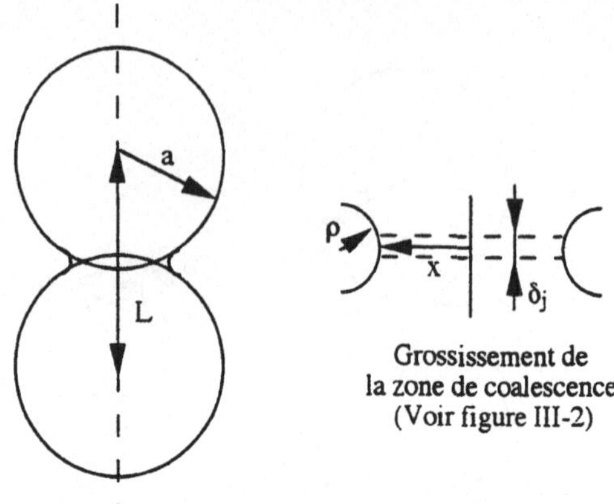

Fig. III-1: Deux sphères s'interpénétrant et donnant lieu
à une coalescence avec retrait.

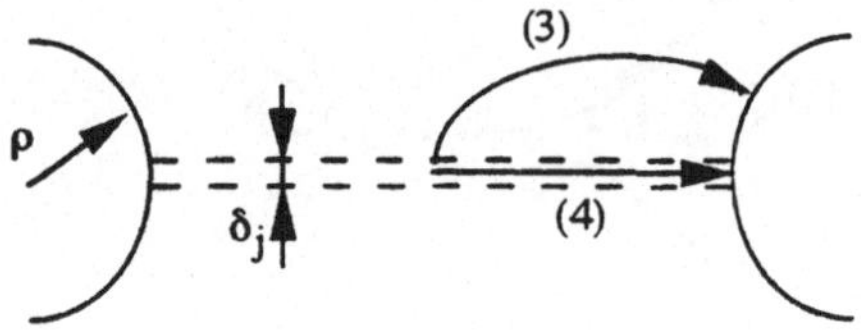

Fig. III-2: Les deux mécanismes de transport de matière du joint de grain
vers le cou (mécanismes 3 et 4).

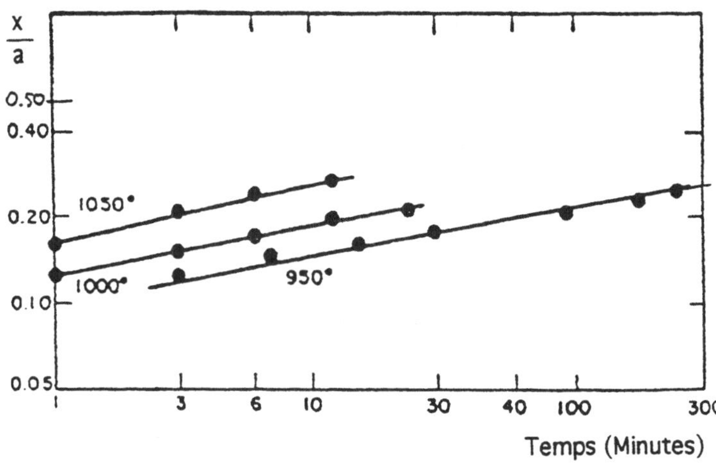

Fig. IV-1: Evolution, en échelles logarithmiques, du rayon du cou normalisé par la taille du grain en fonction du temps, pour différentes températures de frittage.

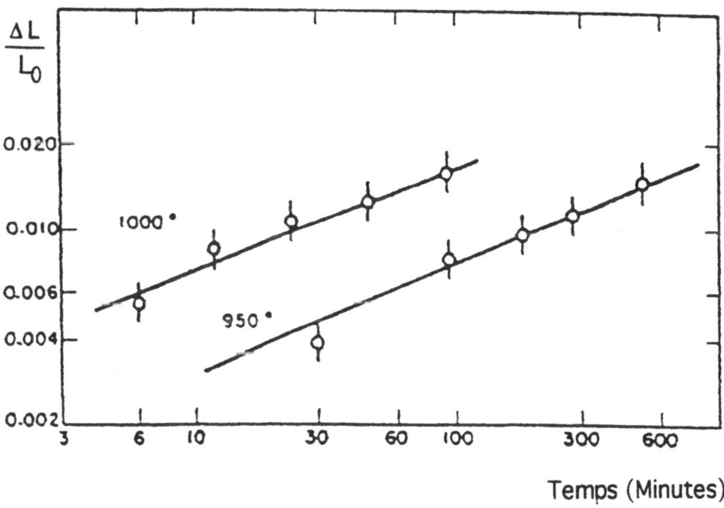

Fig. IV-2: Evolution, en échelles logarithmiques, du retrait en fonction du temps, pour différentes températures de frittage.

**FEUILLE REPONSE
A JOINDRE OBLIGATOIREMENT A LA COPIE**

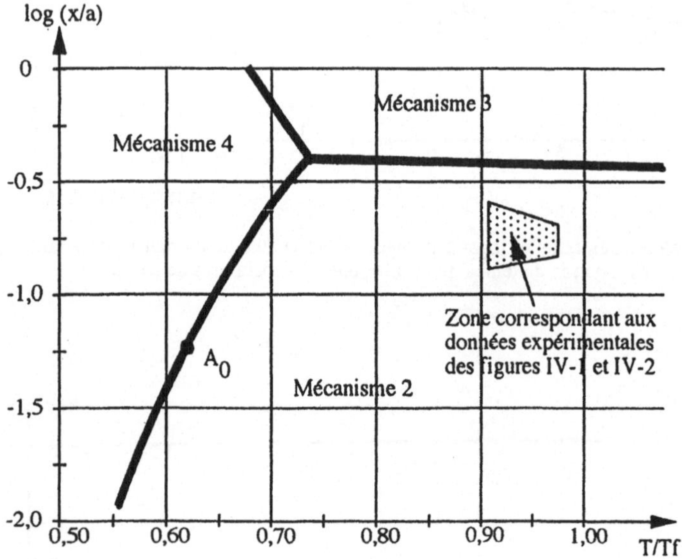